職道

職場天天發財樹

四三先生　編著

職道…

社會人士人人必備的一本武功秘笈

每天一則，灌頂一次，只要一分鐘。

序

一個朋友打太極，很喜歡到處比賽，戰功彪炳。的確比賽可以交流、可以因切磋觀摩而精進，惟技術層次容易分出高下，所以比賽是看「技術」，而「藝術」層次難分高下，很難比較，裁判的喜好占很大因素，而「道」沒有高下，功夫到家的人，不會到處比高下。

「道」是最高境界，卻也是基本功夫，好比一棵樹的根，根不牢靠，風雨飄搖，連根拔起。

本書不著眼在職場的技巧，而在職場的「理念」。就像佛典記載中觀世音菩薩的修行法門「聞、思、修」。要先把理路弄清楚，就像樹木先紮根，越紮越深厚，你在職場就不會「八風都吹動」。一點風吹草動都把你吹得東倒西歪。

在職場工作數十年，前二十年打工做職員，就從基層做到總經理；後二十年當企業主至今也有二十年，在這種職場經歷下，自然有許多的感悟，想把過去的經歷寫下來讓要進入職場的、做管理的、經營事業的人參考。於是開始這本書的出版計畫。

當初的想法是用極短的文字闡述一個道理，但是因為極短，所以要成一本書太過單薄，所以就用本人所學到得經典中（特別是《易經》）擷取古人智慧來演繹現代人在職場工作上面對的問題及解決之道。

多年前有人寫「商道」，主要闡述經商的哲學，本書「職道」在於闡述在職場工作者的觀念與踐行，所謂「職場工作者」泛指正在工作中的人，這一群人不老不小，剛好在中間，身負著社會勞動者的使命，是社會的生產力來源，因為夾在老人與小孩中間，好像三明治人，壓力最大，卻也是三明治中間的那一塊精華，「職道」這本書是寫給三明治人的書。

既然是「道」就不在「技」巧上著墨，要陰陽調和，一直處在平衡的狀態，自我平衡，與人和諧，所謂「和氣生財」，自己和諧、與人和諧就是生財的基礎，所以本書稱名為「職道——職場發財一點靈」，一年三百六十五天用三百六十五則的短訊息，一個訊息一個概念；一天一概念來呈現，希望用最輕鬆的方式傳達最重要的概念，如果裡面有幾則能夠對大家有點啟發作用，那就不枉費大家花錢來聆聽這一本不起眼的小書了。

1. 工作回報

每一天做工作回報，就當作是公司請你的工資回饋。

2. 管理你的上司

管好你的上司，不要他向你一再的詢問與催促，要「安他的心」。

3. 天天準時下班

每天都能準時下班的工作是很輕鬆的，然而工作量不會每一天都一樣。因此除非工作改善，增加價值，否則不必要上班八小時。工資也是。想要調薪，必須增加勞動價值。

4. 挑燈夜戰

沒有挑燈夜戰過的工作不容易成就。

5. 問題意識

沒有問題的工作是大問題，不是睡著了，就是裝睡，而裝睡的人是叫不醒的。公司就睡到死。

6. 同舟共濟

在同一艘船上，捕到的魚一起吃，遇到風浪一起扛，有福同享，有難同當。

7. 接班

船長老了，船員要遞補，承擔責任，船不能沒有人開。魚要繼續捕。

8. 有問題，要解決

工作中

「發現問題」是你的基本條件。

「抱怨問題」看出你的條件差。

「逃避問題」證明你是魯蛇。

「解決問題」才是你的價值。
有價值的員工，才會有價值的企業。

9. 工資與獎金

「工資」是八小時的奉獻。
「獎金」是你超越工資的價值。
問問自己上班八小時實際工作了幾小時？
你的價值超越工資了嗎？

10. 上班的價值

為什麼來上班呢？為了賺工資啊，賺了工資做什麼啊？為了糊口飯！
那跟動物有何不同？不必要來回奔波。
工作要創造價值，過幸福的生活，在工作中為公司、社會服務，心裡才有成就。

11. 聆聽

聆聽是最棒的說服力，要訓練聆聽的能力與耐力。

吵架的雙方都企圖說服對方，「你聽我講」的模式基本上沒辦法溝通。

12. 用心解決

發現問題不一定給公司帶來幫助，解決問題才是，問題的解決也有高下之分，大家要善用心。

13. 環境整理

舊的不去新的不來，自己的工作區域雜物太多、沒有整理，在工作上必然沒有條理，很多機會都流失掉了，而且腦袋紊亂，新的創意進不來。

14. 改善

從自己的工作做起，一面工作一面想，我這樣做對嗎？有沒有更好的方法。

15. **創新策略(1)**

深耕。是在目前業務上精益求精，不斷改善，止於至善，深耕是一畝田，向下紮根就是甲，一級棒。

16. **創新策略(2)**

八爪魚。目前業務的延伸，一者延伸產品線，二者延伸協力廠商，三者策略聯盟。

17. **創新策略(3)**

方便性。尋找省錢省力的新方法。如：方便麵、谷歌地圖、橡皮擦等等，生活上無處不商機。用音頻趕走蟑螂、用氣味趕走塵蟎、消除身體靜電……都是商機。

18. **和諧**

每一個人都有自己的工作，就好像在樂團中負責一樣樂器，每一個人的樂器不同，如果各吹各的號，即便是高手，演奏的樂曲不能聽。

企業如樂團，和諧才能演奏出美妙的樂章。工作要和諧。

19. 俠客與幫主

俠客是特立獨行的，即便功夫高強，也是一個人。幫主不一樣，他要有容人的雅量，協調的能力，鼓舞士氣的特質，帶領一個團隊。所謂猛虎難對猴群是也。一個人不是一幫人的對手。

即便在組織內的螺絲釘，能貢獻的往往比單打獨鬥的來得好。

唱獨角戲沒有票房，團隊合作才有力量。

20. 環境

大環境中有小環境，大環境差不代表小環境差。

環境再差，門庭若市的依然大排長龍；環境再好，生意清淡的還是稀稀落落。

不景氣中有景氣，不怕不景氣，只怕不爭氣。

21. 能力

一　要有與人相處的能力。
二　要有自我檢討的能力。
三　要有自己療癒的能力。

先具備這三個能力後才再談工作的專業能力。

22. 成本概念

一百塊錢的報價，成本八十元，你降了五塊錢，以九十五塊錢成交，有十五元的利潤。

對於業績而言只少了百分之五。對於毛利而言卻少了百分之二十五！

假設公司的經常性的費用要十四元，十五元扣掉十四元，這個案子只賺一元，如果堅持一百成交，那毛利二十元，一樣扣掉經常性費用十四元，就賺了六元，最終利潤有六倍之差！你的獎金是看這個。

看業績者低檔次。

看毛利者中檔次。

看獲利者高檔次。

23.前百分之二十

一百名當中要當第一名很難，要當前二十名不困難，努力一下就有。

企業上下同心協力，要保持前二十名的績效，領前二十名的薪水與獎金。

24.善用時間

我們一輩子花在「等待」與「移動」的時間很多，如何善用這些時間，是成敗的關鍵。你正在等人嗎？搭機嗎？等車嗎？

這個時候閱讀、學習、計畫都好，不要發呆了。

25.知識就是力量

舅舅告訴我治療感冒快好的方法，就是感冒糖漿一次喝三瓶!!!

……不久他就洗腎了，這是因為沒有「知識」，見解不對。

身體如此、工作如此、生活亦如此。

所以平常就要好學；學好。

26. 落實 hou-ren-sou

「報告、聯繫、相談」是日本公司內的基本套路，簡稱 hourensou，菠菜的意思。基本精神就是要常溝通，上下要溝通，同事之間、部門之間也要常溝通，有「溝」就要「通」，否則豪雨一下，水溝污泥阻塞，水患就不可收拾。

27. 解決問題

公司請你來解決問題而不是製造問題的。

除了要有發現問題的覺性，也要有解決問題的能力。

問題的解決有高下之分，那是你的價值所在。

28. 事業

易曰：「形而上之謂道，形而下之謂器，化而裁之之謂變，推而行之之謂通，舉而措之天下之民謂之事業。」

有專業技能，也懂得變通，所做所為是為了大家的人，就是在做事業的人。
不一定是老闆才做事業；開公司的人也不一定是在做事業。
你不開公司，但你也可以做事業。

29. 群龍無首

易曰：「用九，見群龍無首，吉。」
群龍無首為何吉利呢？中國人把自己當成龍的傳人，在人生、組織內扮演各種角色，有各種龍，有潛龍、見龍、飛龍、亢龍……等。
如果每一個人扮演好自己的角色，各就各位、各司其職，把自己的本分做好的話，何須要老大來管呢？
這是講「守分」，堅守自己本分，進退得宜。

30. 創新

「吳郭魚養殖業者的啟示」
既有產業的競爭力：

在台灣口湖鎮的王益豐，人稱「鯛魚王子」他將平凡無奇的吳郭魚利用到極致，創造不可思議的經濟價值：

一　將吳郭魚轉變為台灣鯛魚，價值翻倍！
二　改良品種，原先每隻七百克改良品種到每隻三～五公斤、而且不怕冷、養殖週期短，因此產量激增。
三　魚鱗外銷日本。
四　技轉：取得魚鱗萃取高純度膠原蛋白技術，並將產品外銷到日本，單價高，並且解決數百千公噸魚鱗處理問題！
五　打入歐美日等十多國、空廚、7-11、全聯、五星級飯店等通路。
六　建立生態園區，兼具觀光與教育功能。
七　提煉膠原蛋白做為眼角膜的原料。
八　魚骨：磨成奈米級的骨粉，做醫療材料。
九　添加膠原蛋白在布料中，增加彈性，保護肌膚。
一〇　魚皮：做皮包。
一一　魚眼睛：玻尿酸。

二二　魚鰭：魚翅（散翅）

這是個深耕策略的案例，可以給我們什麼啟示？

31. 魚或釣竿

有一家創意公司問求職者一個白癡的問題：「給你魚或釣竿，你要哪一種？」

求職者回答白痴的答案：「魚」。

問：「為什麼？」

答：「因為我可以先把魚賣掉，賺到錢去買很多釣竿，釣竿租人收租金，然後給自己留一支。沒釣到魚也不會餓死。」

結果他被錄取了。

32. 種瓜得瓜　種豆得豆

這是因果關係，種什麼因得什麼果，所以出發心很重要，還沒結果，那是因為時候未到。善因善果、惡因惡果。

33. 三畝田

不管你是什麼職位、什麼單位，每一個人都有三畝田，自己的田自己耕耘。第一丹田，關乎你的健康；第二心田，關乎你的人緣；第三福田，關乎你的運氣。

34. 人財人材人災

常態分配，公司大概有三種人，人財、人材、人災。

「人財」是公司的資產，能為公司創造財富的人；

「人材」是一般員工，不突出也不作怪；

「人災」是自以為是，覺得公司都靠他，不如意就抱怨、搞破壞，這種人是公司的負債。

你，是那一種？

35. 死貓

大文豪盧梭結婚那一天新娘竟然跟人家私奔，沒有顏面的他黯然離開家鄉，遠走它方，二十年後憑著他的才氣成了大文豪，名利雙收。

後來他衣錦還鄉，得知之前深愛的女人過的不好，於是他請朋友送錢給她。
朋友問：「當初的事情難道你不記恨？」
盧梭答：「過去的傷痛就好像死去的貓，揮不走傷痛就好像無時無刻背著死貓，臭死了，何必呢？」
人生何處不逆境，放下是最好的對待。

36. 負擔

端午節送人一串肉粽之後，無時無刻的想對方中秋節會送來什麼月餅。
如果沒有，期待落空，心裡就超不爽。
這種心態的人生活很心苦，因為給自己負擔。
做好事不求回報是對自己最輕鬆的方式。

37. 動情動氣

冷靜沉著才能客觀而周延的判斷事情，做正確的決定。
如果帶有感情成分，不會沉著；如果動怒，不會冷靜。

38. 上下爭吵

上司跟屬下吵架，兩個人都要先打五十大板，那個公司付薪水給同事吵架的。

若要說對錯，主管負七分責任，下屬要負三分責任。

什麼樣的主管會對屬下發飆呢？又什麼樣的屬下敢頂撞主管呢？

雙方都不「得體」。

公司不外乎人與事，相處要圓融，彼此要尊重。

39. Yes, sir

重大決定難以抉擇的時刻，要以老大的意見為意見，大家支持，有責任老大扛。

該是自己的責任，一肩挑起，要有肩膀。

40. 權限

在組織中的每一個職位都有它的職責，給予權利，相對也有限度，要知道自己的位置有多大權力，有多少限度是「分寸」；守本分做事會比較順手。

41. 應付交代

如果你對工作的態度是當一天和尚敲一天鐘，工作不積極，那是交差了事，交差的心態不能成長。蹉跎歲月而已。

42. 遊戲規則

從小要培養運動的習慣。

運動能強身又能跟人互動，還能夠在運動中學習運動規則。

各種運動有各種規則，參加運動就得遵守規則跟團隊的合作，於是身體強壯，守法觀念根深蒂固，又有團隊合作的精神，在社會上就起了正面效果。

企業也如此，遵守遊戲規則，培養團隊默契，事業才能成其大。

現代社會生育力低，孩子少，而且成長過程很少跟同齡的小朋友來往，因此有很多自閉的傾向，這時候應該鼓勵多去運動，尤其是籃球、足球等團隊運動，對這些孩子應該很有幫助。

43. 依賴

人與人之間，公司與公司之間的信賴非常重要，沒有信賴的基礎，生意不好做。如果能從「信賴」進展到「依賴」那麼生意就做到家了。

44. 做一個大人

人生真善美，那是層次，小孩純真，餓了就哭，要不到就鬧，那是「真」。但是踏入社會，只考慮自己，那是「自私」。進公司上班要「與人為善」，不止考慮自己的立場，也要考慮對方的立場，才是大人。要勇於承擔，不能閃躲。

45. 無是無非、就事論事

在職場因為部門職責的不同，立場就不同。最明顯發生在生產與銷售上，要能達成共識，不要互相指責是非對錯，而是一起找出最佳的解決方案。

46. 以和為貴

每日吵吵鬧鬧、紛紛擾擾的公司很不穩定，公司該賺的、能賺的都在吵鬧的狀態下流失了。

生意以和為貴，先自己內部要和，才能跟客戶和。

47. 不見表象

有一個人住在山裡，有一天他跋山涉水到一個熱鬧的城市，看見晚上家家戶戶都有電燈，非常方便，於是他就買了一個回去準備替代油燈。

回去以後不管怎麼弄電燈泡，就是不會亮！又起瞋恨心怪城市的人很壞，竟然賣他不良品。

……沒有電力、插座、電線，電燈怎麼亮？這是無知，因無知錯怪城市人，又造成對立了。

我們是不是偶爾也會犯這樣的毛病，因為無知而錯怪他人？

48. 教養

如何「應對進退」是家庭教育，家教又稱教養，因為要教也要養，你的智商不高沒有關係，但是要有教養，有教養的人比較能夠得到賞賜，與人相處也比較融洽，不僅職場輕鬆，升遷的機會也比較多。「應對進退」好是福報，應對進退不好者可能造惡，貴人少、仇人多。

49. 脆弱的人

工作中難免遇到不如意、挫折時馬上拿菸來點、拿酒來灌、甚至拿毒來吸、回家對家人出氣的人是脆弱的人，因為他被菸酒毒控制而無法自拔，這種人不僅在職場，人生也是黯淡的。

50. 好聚好散

人生沒有不散的宴席，家人、朋友都有離別的一天，何況是同事呢？

離開工作單位都是正常，重點是如何離開？

上台靠機會；下台靠智慧，要能夠安全下莊是個學問，人情留一線；日後好相見，不要把後路都給堵死了。

51. 改善

因為時代在前進，工作要改善，沒有改善能力的人、沒有能力改善的企業終將被淘汰。

沒有 change 就沒有 chance。

52. 辦公室戀情

感情問題很難講，就是對上眼。

兩人相愛應該被祝福，但是對組織而言是弊大於利的。

辦公室戀情會讓辦公室複雜化，這種化學反應並不能帶給企業組織好處，反而是隱藏性的炸藥。

因此，辦公室戀情應該避免，真的相愛，只能在愛情跟事業之間做一個抉擇。

53. 都是一家人

有些企業內部都是自家人，夫妻、父子、兄弟、親戚……都在同一個單位任職，他們的關係很親密，外人很難進入那個圈圈裡。

有些企業主沒有雇用家人及親友，老闆把同事當家人。

不管「自家人」還是「視為家人」，公司是「公」的，不能感情過度氾濫，否則制度不易推動，公司不會長大。

54. 管理自己

健康的維護、做事的用心、對人的態度、情緒的管理都是自己的事，不管你是管人的人或被管的人或三明治人，自己的事自己搞定。

55. 石頭

一顆小石頭跑進你的鞋子裡，走路難受；一顆沙子進入你的眼睛裡，眼睛睜不開；黃石公園裡那麼大的一顆石頭，不會影響你，重點不是石頭，而是它在哪！

工作的細節，即使小小的東西都會有大大的影響，在眼睛裡的細沙，你會立即感覺並把它拿出來，在工作上，你有沒有那個覺性？

56. 百分之九九．九的訂單

就差臨門一腳，訂單沒有拿到，百分之九九．九的訂單也是零！

業務員回到公司跟老闆報告：「老闆，經過我的努力，這個案子在多家公司的競爭下，我們拿到第二名!!?」

第二名沒訂單有什麼意義啊？

生意就是這麼的殘酷，職業運動第二名也有獎金，生意沒有。

57. 高爾夫哲學

高爾夫深受許多企業經營者的喜歡，除了運動之外還有哲學：

一　一般運動來來回回，高爾夫一直向前。

二　一般運動有對手，高爾夫沒有，自己是自己的對手。旁邊人不是對手，是老師，讓我們學習的。

三　一般運動是高分得勝，高爾夫是低桿得勝，用最少的資源達成最終目標。

四　一般運動是別人計分，高爾夫是自己計分，誠實面對自己，是一種君子的運動，不欺瞞。

五　高爾夫球靜靜的在原地讓你打，打不到怪不得別人。

六　高爾夫場的地形多變化，跟經營環境一樣。

七　球打出去在空中有風吹，表示經營的不可確定性，這個時候要謹慎預測。

八　球袋裡面有十四支球桿，表示自己的員工，那個時候用哪一支球桿，跟哪一個時候要用哪一個員工一樣，考驗智慧。

九　沒有進洞都不算，過程中發球桿打三百碼，或者離洞很近只有一寸，不管多遠，都算一桿。平等平等，也就是離目標越近越要謹慎小心。

一〇　高爾夫有OB（出界），出了界要罰二桿，進了水要罰一桿，也就是經營錯誤要付出代價。

58. 問題

面對問題是解決問題的第一步。——柯文哲

有問題的企業是正常的企業，企業沒有問題不是眼睛瞎了就是死了。

59. 輸不起

一個輸不起的人永遠不敢嘗試，殊不知，失敗為成功之母，每一次的失敗，才有機會學習，累積成功的資糧。一個輸不起的人，永遠贏不了。工作、事業、感情都是。

沒有媽媽哪來孩子，誰不是媽媽十月懷胎生的？

不經失敗的成功不踏實，因為沒有媽媽，除非你是美猴王，從石頭縫蹦出來的。

60. 不努力

你若是不努力，有人想拉你一把，都不知道你的手在哪裡。（張小燕）

拯救的「拯」是提手旁，你得先把手伸出來。

61. 不費力

時間跟年齡不用努力就會擁有。所以浪費時間跟蹉跎歲月一點都不費力。

但是你今天不向前走，明天即使跑也不一定跟得上。

62. 磨與魔

鑽石與翡翠都要經過無數次的研磨才能展現它的價值，被磨的過程中會很難受，那是心魔，一般人避之唯恐不及，因此石頭終究還是石頭，因此人要成就也要有被磨的心理準備

63. 苦悶

出了社會，人生的三分之一左右的時間花在工作上，如果你的工作讓你痛苦、憂愁、煩躁、不安，那你應該好好的想想，應該做一些改變——改變自己或改變環境。

64. 三不

不去說人家的是非。
不去聊人家的八卦。
不亂說話、亂傳話。
因為對你的生命沒有意義。對工作也沒有幫助。

65. 離開位置你是誰

客戶、同事跟你相處時，對你的好是對你的職務示好？還是真心對你好，你心裡要明白。

做事也要人品，有人品的人對人以誠相待，不耍官威，不貪便宜，即便你不在位置上了，即便沒有相見，大家對你還是懷念。

66. 自在

不要活在別人的嘴巴裡，嘴巴長在別人身上，他要說什麼是他的事，我們管不著。

對別人的無端毀謗不可以因此記仇，也不須要理論，否則中計。

對素質不高的人的見解或批評，不需要耿耿於懷，更不需要斤斤計較。沒意義。

67. 意志力

人們缺乏的不是力量，而是意志力（雨果）

俗話說：「君子立長志；小人常立志。」

沒有毅力的人，今天想做這個，明天想做那個，或者一天捕魚；十天曬網的人不會有成就。

68. 各得其所

年輕人出社會，不要太在意收入，因為收入高，容易鬆懈，一鬆懈，兔子不小心就被烏龜超越了！

不要太快有成就，速成的成就容易自大；自大容易栽跟斗。所以：

年輕人賺錢給人家。要賺經驗。

中年人賺錢給自己。要憑努力。

壯年人別人賺給你。善用經驗。

69. 對不起你

如果覺得家人對不起你、朋友對不起你、同事對不起你、社會對不起你，天地對不起你，你該如何？

那一口飯要進入嘴巴的時候，如果還是找不到「感恩」兩個字，那你是在浪費世問米。

70. 領導四指

指導、指示、指正、指責。

對屬下要先「指導」他，然後明確「指示」，人事時地物都要清楚交辦，屬下做得不盡理想要「指正」，指正還是做不好再「指責」。

沒有四指，不教而殺的主管沒有格調。

71. 人生五大敗筆

一　自以為是

二　一廂情願

三　想當然耳

四　先入為主

五　以偏概全（海雲和尚）

凡人多少有以上習氣，是為人生敗筆，越多者人格個性越不健全，越難以相處，當然人緣不會好，貴人不會多。

72. 器

「君子不器」（孔子）

器是指容器，定了型。不器就是不固執。

做事不固執，這個不行那個也不行，那就沒有機會突破。

做人也不要固執，要與人和。

和而不同，既不隨波逐流又能圓融處世。

73. 三明治人

在企業上班，如果表現可以，經過幾年就被提拔成為主管，然後再升為較大的主管，上面有人管你，下面有人要你管，這是三明治人，這種人就像三明治裡面的內餡，在組織內也是最重要的，工作多、壓力大，這個時候也是人生的關卡，身體上的、工作上的都要妥善調和，才能過關。

74. 慎選職業

俗話說：「男怕入錯行；女怕嫁錯郎。」

找工作首先要找正派經營的公司，再看自己的個性，找適合的工作。保守的人去找訊息萬變的工作不會適合；創意的人在一成不變的工作中得不到成就感。

如果你要找高所得的工作，你要有心理準備，要不你的專業能力很值錢，要不你要暴露在高風險的工作環境中，沒有不勞而獲的。

錢多事少離家近的工作，公司八成是你家自己開的。

75. 和大怨必有餘怨

在職場中或是因為立場不同，或是在爭權奪利中結下了樑子，正面衝撞了，雙方都很不爽，即便當下被勸合，心中的怨還是有的，於是在往後的共事當中，就會產生芥蒂，甚至積怨難平，一旦對立，恐怕會一發不可收拾。

所以事情不要做得太絕，把後路都堵了。

人情留一線；日後好相見。

76. 異常現象

異常現象是發掘問題的第一步。

開銷異常、出勤異常、客戶叫貨異常、消費異常等等，都是問題，保持覺性，異常很容易挖掘出來。

77. 會讀書

會讀書的人在職場上的表現普遍不如放牛班的人，何故？

讀書為了考前幾名，目標只是讀書，並不跟人家玩，因此沒有溝通、互動與協調的經驗。

而職場表現出色的人反而是平常並不讀書，成天跟同學玩在一起的人，在玩的過程培養協同合作的習慣，做事反而靈活而圓融，所以表現出色。

……當然又會讀書又會玩的人肯定是不簡單的人物。

78. 因果

種瓜得瓜，種豆得豆。你要結什麼果子就要種什麼種子，絕對沒有種瓜得豆的道理。

那種對的種子是不是能夠修成正果？

那要各種因素配合，陽光、空氣、水、養分、時間，缺一不可。

出發點要對，加上努力及耐性，好的種子才能結成好的果實。

79. 壓力

壓力來自於不能駕馭，人際上的、工作上的、專業的、人情的……不能駕馭就有壓力。

適當的壓力讓自己去面對，自己會進步。

易經有「大過、小過」兩卦。

「小過卦」描寫小鳥學飛，雖然會怕，要勇敢面對，順勢滑行，自然學會，但不可以高飛，小鳥高飛太危險。

「大過卦」描寫一根棟樑，支撐房子，而支撐的兩端太弱，導致房屋有垮掉倒塌的危險。

太大的壓力會垮掉，承受不了，你如果壓力過大，卻不得不面臨的時候，請找人幫忙扛。

80. 焦慮恐懼

恐懼焦慮往往來自自信心的不足，不了解自己、不了解自己的立場、不了解自己的能力、對未來缺乏安全感。

當恐懼焦慮來的時候，告訴自己沒有什麼好怕的，該來的就會來，只要做好準備，如果是壞事，大事可化小、小事可化無。

如果是好事，頂多變沒有，也不會變壞事，所以沒什麼好焦慮與恐懼的。

恐懼與不安有用嗎？如果沒有用，就不必恐懼跟焦慮。

81. 得失

有得就有失，要上班就要犧牲自由的時間，要結婚就要擔負起責任，權利義務永遠存在，要訓練的是如何取捨，如何自處。

升官了，都是得嗎？薪水可能多了，責任卻重了。

沒有升官，都是失嗎？恐怕也不是。

不是升不升的問題，是你如何自處、心理調適的問題。

82. 負面

有些人盡往壞處想，這是壞習慣，因為有白天就有晚上，事情有好就有壞，沒有全好事也沒有全壞事，好事裡面有不好的，不好當中也有好的，要這樣想才是正常心態。

一直在黑暗中的人見不到光明。摸黑走路，人生很黯淡。

83. 學歷

知識就是力量，學歷越高讀的書越多，所以學歷可能在工作上有幫助，學歷高的表示未來比較有潛力。

所以學歷是一張入場券，佔有先機。

但是讀書是拿來應用的，如果不會用，就是書呆子，有謀無勇，說得頭頭是道，要真幹，沒辦法。

沒有學問往前衝是匹夫之勇，空有學問不敢衝是書呆子。

建議要行動也要多閱讀，廣泛的閱讀，吸收知識，聽說台積電創辦人張忠謀每天閱讀四個小時，你呢？

84. 贏在轉彎處

人生如海浪，有高有低，遇到受挫折人人都會，可是面對困難反應不同，人生也不同，當你走在路上踢到石頭的時候有些人坐在原地哭泣；有的人怨天尤人；有的人認為運氣有好有壞，只是當下運氣差而已；有的人會看看地上有什麼東西可以撿，順便把石頭移開以免後面的人踢到。

你會採取哪一種對應方式呢？你的行為模式將會影響你的一生，好的行為在人生賽車場容易在轉彎處彎道超車。

85. 寵辱若驚

「寵辱若驚，貴大患若身；寵為上，入為下，得之若驚，失之若驚，有大患者，為吾有身，即吾無身，無有何患？」（老子道德經第十三章）

看一個人，靜看不如動看，「平時」看不如「非常時」看。

看他在榮耀的時候怎麼樣，落魄的時候又怎麼樣。得寵、被羞辱（升官、降職之類），都要戰戰兢兢，不要失去自我，那個我是靈性的自己，不是名利權勢的色身，如果把名利那個身置之於度外，那你就不會被影響。

86. 英雄本色

不是天下英雄都很好色，而是「泰山崩於前而面不改色。」的色，面對突如其來的事件不慌不亂，從容應付，冷靜沉著，積極應付，就是英雄人物，你能做得到，你就是英雄，做不到，再修煉。

87. 守本分

守本分是應該的，不是為了升官，發財。受人之託，忠人之事，把自己的本分做好的人，必定是受歡迎的人，內心最自在的人。

88. 沮喪

心情常常莫名奇妙地低落沮喪，這是工作、生活中的索求不能滿足，怎麼辦呢你可以讀誦經典，選一本唸起來很合你胃口的經典來唸，天天誦、不間斷，哪怕是五分鐘十分鐘都有效。

89. 尊重

對萬事萬物都要有一顆誠敬的心，對於社會上有貢獻的人要尊敬，對一般人，你不一定會尊敬，但是一定要尊重。尊重他的價值觀、他的職務。

更重要的是「自重」——自己尊重自己，不邋遢、有分寸。

俗話說：「人必自重而後人重之。」

別人對你不尊重的時候，也要看看自己有沒有尊重自己。如果自己不自重，別怪人家。

90. 糾結

在公司遇到升遷、調薪的季節是心理最糾結的，俗話說：「佛爭一柱香，人爭一口氣。」想升官卻是升同事，調薪卻少旁邊的小陳五百塊，心裡很不是滋味……錢固然重要，被肯定更重要。

既然升官不是你，分明你不受肯定，這時候你可以選擇離開也可以選擇留下。不管離開或留下，你都要反省自己，找出原因，尋求表現，為組織貢獻，才是正道。

消極抵抗或尋求報復都是負面，對自己一點幫助都沒有。

註：佛不會爭一柱香。

91. 遷怒

人有七情六慾，調和不好容易發脾氣，跟家人、同事起口角、暴衝突。有些人把跟家人吵架的情緒帶到公司去，或者工作上的不如意的怒氣帶回家裡去，然後家人或同事便無辜的受你的氣。

情緒控制是你的功夫，盡量做到能夠不遷怒，不傷及無辜。否則絕對有後座力，會傷到自己。

92. 守時

守時是信用的第一步，上班、會議、客戶互訪等等都要守時。守時的人被認為是個有戒律規範的人，當然比較給人信任感，有信任，就比較會安心的把工作、訂單交付給你。

93. 興趣

在工作以外，我們應該至少找一個興趣來調和工作，讓生命更加的豐富，即便暫時沒有了工作或者退休，你才不會無所適從。

興趣有好有壞，只要不傷人不害己都行。當然如果能夠培養音樂、閱讀、下棋等文靜的興趣；或太極、健行、游泳等動態的興趣，不僅可以陶冶性情也能強身健體。

94. 靜坐

工作上的壓力是因為混雜的事一時半刻找不到解決方法，所以會有壓力，壓力要適當的釋放，否則累積下來對身心都會產生不好的影響。

靜坐是一個好方法，它會清晰你混亂的思緒，心裡平靜，定而靜、靜而安、安而慮、慮而得。

95. 飲酒

適量的酒能夠和緩情緒，好友相聚能夠增進彼此的感情，喝酒要能控制，亦即要會喝酒，不能被酒喝；做酒的主人，不做酒的奴隸。

不如意、無聊的時候，就拿酒來喝的人，基本上是一個脆弱的人，他找不到方法解決他的問題，他被酒喝，是酒的奴隸。

依賴酒精的人會酒精中毒，手會抖，人生也比較灰色。

飲酒過量也比較不容易控制自己的情緒與言詞，尤其在公眾場合容易引發衝突，造成不可挽回的悲劇。

96. 抽菸

世界上的各種產品都要宣傳它的好，唯獨販賣菸都寫「吸菸有害健康」然後置放一些很恐怖的肺部疾病相片，然後各國政府也用加菸稅來抑止吸菸人口。

即便如此，犯菸癮的人還是很多。

吸菸的人一般來說是比較沒有安全感的人，可能在嬰兒時期對母親懷裡依賴的反射，明知道吸菸有害還是戒不了，因為在焦慮的時候抽一口煙能緩和一下情緒。

基本上菸是可以戒，有意志力就可以。能夠戒菸成功的人基本上人生是積極的，做事也比較容易成功。

現代社會對抽菸環境限制太多，飛機上、餐廳裡、旅館內很多地方都禁止抽菸。

對於有菸癮的人很不方便，所以如果可以戒就戒了吧！

97. 健康管理

公司同仁的健康是公司的競爭力指數之一。同仁的健康會增加生產力，減少公司、個人乃至社會的負擔。

所以為了同仁的健康，公司會讓同仁作定期健康檢查，甚至獎勵員工運動。

事實上健康管理是個人管理的一部分，每一個人應該把自己搞定。

98. 花錢

上班工作賺錢就是要用來花的，花了錢並不是錢不見了，而是錢變另一種形式——變你想要的樣子。

每一個人價值觀念不一樣，有人愛吃美食、有人愛買名牌、名車、有人愛存錢，只要是不犯法、不害人不害己，都好！賺錢本來就是要用的啊。

但是不能寅吃卯糧，賺五塊花十塊，然後被錢壓著過日子，會很累！

99. 吸毒

吸毒比酗酒更嚴重百倍以上，現代人生活苦悶，要來點馬上離開現實的玩意兒，毒品是最猛烈的，可以馬上讓你升天，得到那種飄飄然的感覺，可是毒品效果消失了以後，內心的那種失落感是很難受的，為了一直維持那種感覺，於是被毒品控制了。

這種人生很黯淡，毒品對於身體、頭腦的破壞是很嚴重的，而且要戒毒非常困難，簡直掉進無盡的深淵。

如果你已經染上毒癮，無論如何都要想辦法戒掉，雖然很辛苦，但很值得，請加油！

如果你在吸毒與不吸毒之間猶豫的人，請馬上懸崖勒馬，不要陷進去，一旦進去你就變成一隻蟲——毒蟲。

100. 職場霸凌

遇到職場霸凌，你不就離開它，不就改變它。

不要想忍耐，然後找到機會再報復，因為忍耐的這段期間很難捱；有報復心不健康。

你可以選擇自由，換個環境。如果目前的工作待遇還可以，捨不得離開的話，那就尋找適當的途徑請求協助，消滅霸凌。

101. 性騷擾

面對職場上的性騷擾，有些人是不自覺的、習慣性的對人言語上的性騷擾，有些是行動上的手來腳來，不管哪一種，被騷擾的人要勇敢的表達自己的感受，請對方自重。

如果對方依然故我，該訴諸法律的就不要客氣。人與人要相互尊重，不管職位高低，如果你憑恃職務的威勢對他人性騷擾，那你跟禽獸沒兩樣。

102. 要有名師

師者，傳道、授業、解惑也。有人生而知之，這種人少見，大部分人是學而知之。學習需要老師。入行要有前輩來帶，才容易上手，前輩就是你的老師。不管你的職位多高，學無止境，活到老，學到老。要有這樣的虛心求教，你才會不停的成長。

103. 小圈圈

不論任何組織，都會尋找志同道合的——同學、同鄉、同袍、同宗、同好等等，然後形成各式各樣的小圈圈，好事相走告，有事互相罩。易經曰：「三人行則損一人，一人行則得其友。」意思是三個人就會分兩派，一個人就會去找同夥。

畢竟人是群居動物，組織裡也會有同溫層、分派系，志同道合是好事，但是結黨營私，同流合污就不可取。

104. 裙帶關係

公司裡當權派安插自己的親戚、親信在組織裡，親戚、親信就是裙帶關係，裙帶關係因為容易有私人感情、私人利益摻雜在裡面，加上當權者的私心，容易造成分配不均的現象，如果你喜歡這個環境，那你可以透過結婚成為親戚（如駙馬爺等），或想辦法輸誠，成為親信。

如果你覺得上了賊船了，但怎樣都不願當海盜，那你只好跳船離開。

105. 上善若水

到一個新的環境，要能適應環境，與人和諧共處，這樣才能「定」下來。

這個就是水的特性，在什麼容器裡就變成那個容器的形狀，因為它柔軟。

身段柔軟，你就容易融入新環境。

言語柔軟，你就可以善與人相處。
心態柔軟，你就可以自處於八方。
注意，不論在任何容器中，水依然是水，沒有失去它的本性。

106.
學習

子曰：「學而時習之，不亦說乎。」
學跟習是兩件事，要學也要練習，而且要時常練習，「學」是知道；「習」是做到。知道不算，做到才算。
只會計劃；不會執行，一切都是天馬行空。

107.
無情無義嗎

公司付給你的工資、獎金及職位都是你該得的，應該說是在工作上績效與所得，你跟公司取得一個平衡狀態。
因此你不欠公司；公司也不欠你。
如果哪一天你的表現不如從前了，你不能怪公司無情無義，都沒有念及過去你為公司做牛做馬，卻把你降職砍薪，心理極度不滿，這是不對的。因為公司跟你要維持一個隨時調整的動態平衡關係，誰也不欠誰。

108. 游刃有餘

你知道游刃有餘有多麼自在，每一個人都希望在工作上游刃有餘。也就是你能夠駕馭目前的工作。

如果是大材小用，看起來是殺雞用牛刀，表示你要換一個工作讓你適才適用。組織裡可以發揮就在那邊發揮，如果沒有，那就去你能發揮所長的地方。否則可惜了，自己也沒有成長的機會。

如果你認為有何不可，每天輕輕鬆鬆的過日子，也好，畢竟是你自己的選擇。

109. 公德心

沒有公德心的人基本上就是自私的人，因為只考慮自己不管他人。

如廁弄髒、洗手台水亂濺、擦手紙亂丟。把自家的垃圾大大包的丟進路邊垃圾桶。放任自家狗路上大便卻不清理。店門口抽完菸，菸蒂亂彈。

在公司裡，只會製造垃圾與髒亂的人也沒有公德心，包括把工作搞亂、弄髒，讓他人收拾殘局的人也是沒有公德心的人。

舉凡這些都是沒有公德心的人，這種人丟人、丟臉、丟福氣。

110. 競合

肯德基不罵麥當勞；麥當勞也不罵肯德基，所以雙雙成為世界五百強；賓士不詆毀寶馬；寶馬也不詆毀賓士，也雙雙成為名車，所以我們不需要用詆毀來維護自己，人活著發自己的光就好，不用成天去吹熄別人的燈。

你不必踩在同事頭上來升官發財；公司也不用擊敗對手而成就。

競合隱含競爭跟合作，看似衝突，實則相生。有這種開闊的心胸才能成就不凡的事業。

111. 芭蕉

既種芭蕉；又怨芭蕉。

這是說一個人做了不對的事，又懊悔不已。然後又用錯誤的方式去處理那個錯誤，然後又懊悔不已。循環不已。
賺錢為了吃美食，吃了美食身體變胖，然後花錢去減肥，是不是這樣？
為了錢犧牲健康；為了健康；犧牲錢財，是不是這樣？
起心動念要有生命的察覺能力，不要掉入這種無盡輪迴的錯誤模式。很累！

112. 信

俗話說：「人無信不立。信義為立業之本。」
凡事要先相信，才會接受，人與人之間要有信賴的基礎才好辦事，可見「信」很重要。
所謂「眼見為憑」是真的嗎？沒有見到或不是看不見的就不能信嗎？
其實我們的肉眼能看到的是有限的。
譬如聲波、音頻、微風、感情、溫度……都看不見，你能相信它的確存在，那叫微明，叫覺知，感受能力越強，你的能力也越強。不要鐵齒，什麼都不信，那你註定平庸。

113. 自是

自是的人自以為自己很優秀，就處處張揚，不管是有意無意，對於別人都是壓力，人際關係不會好。

不要拿自己的長處去數落他人的缺點；不要強調自己的良善來顯示別人的邪惡，不以自己的聰明才智去嘲笑人、揶揄人。

為人處事盡量謙沖為和、寬容包涵，給人家留一點面子，人緣才會好。

114. 一樣米養百種人

人有百百種，一人一個樣，高矮胖瘦、智愚賢不肖，都是人生父母養，各有各的特色，因為不同，才能造就這個花花世界，大家應該互相敬重、敬業樂群、安分守己。

公司也一樣，協力圓融才能創造一個幸福的企業。

115. 成人之美

人的劣根性就是見不得人家好，當同事站在頒獎台上，授獎的榮耀時刻沒有幾個人真心的讚歎？為什麼呢？
因為有比較心、好勝心。覺得為什麼不是自己上台呢？
同事的成就真心的讚美，同事的喜事誠心獻上祝福，同事需要幫忙的時候，不吝給予支持，在臨門一腳時，給予方便，你做不做得到？
有成人之美的人人格高尚，做人做事障礙少、貴人多。

116. 燒冷灶

人情扶強不扶弱，錦上添花者多而雪中送炭者少。
在人危急關頭時拉他一把，貧病交迫時給他醫藥飲食，遭受迫害時平反他的冤屈，加上軟言慰喻，對方一輩子不會忘記。
人生如波浪，有起有落，很少有人一生平步青雲的，在人家落魄的時候幫助他，這是雪中送炭。雪中送炭又稱為燒冷灶，以投資報酬率而言，雪中送炭本少利多。

117. 路遙知馬力

俗話說：「路遙知馬力，日久見人心。」

虛偽是經不起時間檢驗的，所以偽裝不能持久，終究會被看破手腳的。夫妻、朋友、同事皆然。

在組織裡與人為善之外，也要有一顆「真誠」的心，否則容易被認為「偽善、偽君子」。

空穴來風的話、言不由衷的話，開始的時候很吃香，久而久之還是經不起時間考驗的。

118. 命運

俗話說：「萬般皆由命，半點不由人。」

既然是命，又將如何改變？

造命在天，立命由人，所謂「命運」就是說：命是運出來的。運了就可以轉，運轉動了，命也改變了。

如何運轉呢？四個字：「行善積德」。

那貧窮的人如何行善積德呢？

一切唯心造！即便只要心存善念，寬厚待人，沒有錢也能行善積德喔。

119. 滿招損

驕傲自滿，恃才傲物，恃強凌弱的人，不僅沒有光明的前途，也成不了大器。自滿是覺得自己了不起，你已經都滿出來了，覺得什麼都過多了，腦袋也裝不進去了，所以不會成長、想幫你的人也無從幫起了，所以遇到困難的時候，你只能夠靠自己。過去被你欺凌的人也在旁邊看笑話，看你衰到極點。

120. 謙受益

人生的旅程中，有時波濤洶湧、有時驚濤駭浪，有時風平浪靜，有時平步青雲，不管身處在任何狀況之中，能夠讓你輕鬆渡過的錦囊妙計只有一個字——謙。

謙虛、謙下、謙沖為懷是謙。

易經有「謙卦」，各種謙當中，「勞謙」是最高指導原則，又勞心盡力又謙虛，功成又不居功，這種處世態度將讓你用這一招半式走天下而不會吃虧，謙下的人，天地、鬼神都讚歎護持，何況是人。

121. 改變自己

做一行怨一行，每一個行業都有它的心酸跟苦楚，要想辦法適應它，不要看這個不習慣；看那個也不習慣……嫌老闆太摳、嫌上司無能、嫌同事太混。

如果你一年換很多次工作，原因是被離職的，那你要認真的檢討自己在哪方面有問題。

如果你覺得遇不到合適的工作，是你自動辭職的，那表示你很有個性，知道你要的是什麼，鳳凰非梧桐樹不棲嘛。可是你要確定你是鳳凰而不是雞，如果你真是鳳凰，相信會有人來三顧茅廬的；如果沒有獵人頭公司來獵你，那八成你是雞，要認清你是誰，不要自以為。

122. 離開了單位你是誰

馬雲，風雲人物，創立阿里巴巴、支付寶，二〇一九年離開了他創立的企業帝國（五十五歲），那到底是阿里巴巴的馬雲還是馬雲的阿里巴巴呢？賈伯斯，創立蘋果，二〇一一年因胰臟癌過世（五十六歲），這兩位英雄人物當然會名留千史，不過幾年後我們回頭看，他們都不在了，而阿里巴巴依舊在、蘋果也是。一個組織不會因為某一個人的離開就因此破產倒閉的，不要把自己看得那麼重要，創辦人如此，各級主管也是。不要認為公司都是你立下的功勞，上自董事長下至基本員工都是，沒有一個人不可取代，也沒有一個人不重要。公司是大家共同努力得結果，在過程中組織裡每一個人都有功勞，不是只有你一個人。如果哪一天，因為某些因素你離開了單位，你會看清楚，你是你，那個比較實際的你。

123. 報應

一個人做了許多壞事，搞到自己的事業、身體垮了，甚至連累家人，週邊的人就認為這是報應。

易曰：「積善之家必有餘慶，積不善之家必有餘殃。」

做好事得好報，做壞事得惡報，這是天理。有些人懷疑，為什麼做好事感覺沒有什麼好報，但是做壞事報應比較快，為何？

因為向下沉淪很簡單，力爭上游很困難，做壞事像把房子毀壞，那是一瞬間，做好事就像建房子，一時半刻是建造不出來的。「積善」是累積，不止是一二三件好事。

所以，做好事沒好報，不是不報是時候未到。

124.

職場(1)　潛龍勿用

中國人自許為龍的傳人，龍簡單說是「君子」，君子文質彬彬，君子進退得宜。

易曰：「潛龍勿用。」

潛龍勿用，潛龍是沉潛的君子。

你是職場的新手或是你剛剛進入新的單位，這時候眼觀四面耳聽八方，先把環境搞清楚了以後再說。

你要先做一隻潛龍，沉潛在水面下，不要求表現，多看多聽多學習才是正道。

125.

職場(2)　見龍在田

易曰：「見龍在田，利見大人。」

你沉潛了一段時候，看清楚周遭的人事物，學到了工作技巧之後，可以浮出水面到陸地上，跟人互動，這個時候可以力求表現，這個時候的大人是你的貴人，能夠提拔你的人。

126. 職場(3)　終日乾乾

易曰：「終日乾乾，夕惕若，厲，無咎。」

經過貴人的提拔，如果表現良好，你獲得提升，可以獨當一面了，可能是部門的主管或分公司總經理，這個位置是最忙碌的時候。

一天到晚苦幹實幹，晚上還要寫報告，反省自己，辛苦一點，但沒有什麼不好。

127. 職場(4)　或躍在淵

易曰：「或躍在淵，無咎。」

這個時候，你正式進入組織的核心，身居高位，但還不是老大，但在老大身邊，所謂伴君如伴虎，有時候想要試試自己的能耐，但牽一髮而動全身，你有可能一躍而上，也可能掉到萬丈深淵，粉身碎骨，這個時候不能功高震主，應該戰戰兢兢，如臨深淵　如履薄冰，才能夠安然無恙。

128. 職場(5)　飛龍在天

易曰：「飛龍在天，利見大人。」

你正式成為老大了，一般稱為九五之尊，就是組織裡的老大，從四到五恰恰是天淵之別，一把手跟二把手基本上相差很大。不論在權力上及實力上。組織裡老大只有一個，不能有兩個太陽。

這個時候的「利見大人」的大人是能夠輔佐你的人、親信、班底。

129. 職場(6)　亢龍有悔

易曰：「亢龍有悔，盈不可久也。」

亢就是超過了，好比一個人曾經是公司的老大，雖然退休了，但是退而不休，還是要干預公司的大小事，那就太超過了，盈就是囂張，囂張不會太久的。大老曾經是老大，那是過去。還玩垂簾聽政那一套，那就過份了。

130. 元亨利貞

易曰：「元亨利貞。」

一個循環，如春夏秋冬四季，元是開創、亨是通達、利是收割、貞是固守；像春耕、夏耘、秋收、冬藏。然後一直循環不已。

人生若以八十歲計，二十歲前是人生的春天，欣欣向榮；二十歲到四十歲是人生的夏天，努力向上；四十歲到六十歲是人生的秋天，收穫季節；六十到八十歲是人生的冬天，固守元氣。

大致而言，二十歲前春天是求學階段，六十歲以後冬天是退休生活。在職場工作，開始像夏天，如火如荼；全力以赴；等到四十歲以後像秋天，開始收穫，但是要注意，秋天是颱風季節，天災特多，身體不保養容易垮掉，反而是被收拾，秋決，很恐怖。

131. 自強不息

易曰：「天行健　君子以自強不息。」

這是講乾道、天道。

我們要效法天道的精神，因為日月星辰，時時刻刻都在運轉，又不會相碰撞。

「自」是重點，自己、自性。

自強不息是自己要靠自己努力不懈，不止息。自己的事，不靠別人。

132. 厚德載物

易曰：「地勢坤，君子以厚德載物。」

這是講坤道、地道。

做人要效法地，大地承載萬物，一句怨言都沒有。

地道在講一個「積」的概念，什麼事情都是累積的，做了一件壞事可能沒有感覺，一直做壞事就惡貫滿盈，要救也救不了，回也回不去。

做好事也是積的概念，積什麼呢？積善。積善就厚德，德性厚到可以乘載萬事萬物，為人民服務。

133. 一葉知秋

易曰：「履霜，堅冰至。」

踩到霜就知道天氣會更冷，地上將要結冰了。

在工作上也要養成這種敏感度，有事情要發生的徵兆時就採取預防措施，不會等到無法收拾的局面，要解決已經來不及。

134. 習氣

易曰：「直方大，不習無不利。」

直，正直，不拐彎抹角。

方，仿。效法、學習。

習，習染，習氣。

習氣是累積的，不容易改，因為積累成性，習慣成自然。

不要沾染習氣就是要在源頭就走正路。所謂失之毫釐　差之千里，起始點太重要了。

用正直的那一顆心去仿效、效法、學習，就不會染上壞習氣，「直」是重點。

135. 背叛

背，後，不在前，不是光明正大的，而是躲在後面，乘人之不備，小人也。

判，半、反，半是剖成兩半，分資源而反。

職場上的背叛，一種是在組織裡面偷吸牛奶乃至搞破壞而贏私利，另外一種乾脆把公司業務帶走。

要知道你在公司服務的時候，公司培養你，信任你，然後將業務交代予你，漸漸的你的業務熟悉了，你認為在公司沒有人可以取代，所以就把業務帶走，自立門戶，造成老東家的損失。

事實上，在公司服務的期間，公司培養你、給你薪水、福利、獎金乃至權力，你卻背叛公司。

如果對於待遇不滿意，你可以跟公司反映，爭取更好的待遇，如果還是不滿意要離開，應該將負責的業務做清楚的交接，這才是做人的基本道理。

不要背叛。不講忠義，不會有善果。

136. 心平氣和

飛機誤點，尤其是不知道何時才能飛甚至停飛，把大部分人的行程都打亂了，大家心情都不好。

如果地勤的對應不能滿足大家的期待，或應對的態度、言語上有些許的不妥當時，有些旅客就會發飆，把場子搞得雞飛狗跳。

生活中類似的情況也有，如果頻頻發生就要去爭取，但這些都是偶發的事件，偶發事件叫做不得已，不需要暴跳如雷，把它當作颱風來了，此時安靜的等待就好，早晚都會過去的。

沒有辦法的辦法也是辦法。心平了氣才會和。

還有，所謂「民國」——有好的「民」才能成為好的「國」，國民素養很重要。

137. 會社

日本把公司稱為「會社」，就是社會的一面鏡子，好公司（會社）才是好社會的基礎。

有好的從業人員才有好的會社（公司），有好的公司才是社會的穩定力量。所以每一個人都很重要。

會社是社會及社員的中間力量，三明治中間那一塊精華，好的會社讓社員安居樂業，從而建構一個安和樂利的社會。

138. 同仁

現代人把在公司上班的同事叫員工、僱員、打工仔，這些稱呼有階級味道，也有對立的緊張，倒不如成為同事、同仁比較貼切。

同仁來自於《易經》同人卦，

易曰：「同人于野。亨。利涉大川。利君子貞。」

……同人不分你我，沒有對立就亨通，大家一起協同合作可以冒險犯難，共度難關，基礎是大家要有正念、正行。

同人與同仁是一樣，「人」是重視個人的德行，「仁」注重陰陽和合，榮辱與共。

139. 公司

「公」是大家，是最大公約數。

禮運大同篇：「大道之行也，天下為公。」

「公」是走在坦蕩的大道上的，「司」是管理、執掌。

「公司」是大家一起管理的地方，好像一艘船，大家在船上，各司其職、生死與共、有福同享、有難同當。

如果獨裁獨斷、各懷鬼胎、結黨營私、安插親人，這些都有私心，有私心的企業不是公司，是「私司」。

140. 會議

為什麼要開會呢，因為要議，議是商量、討論。

透過會議要能得到共識，會議的主席要擔負起這個責任，就是要做決議。

決議之後大家分工合作，各就各位，分頭執行。

執行之後要檢討執行的成效。

於是「會議」不只是會議，要會而議、議能決、決而行、行而果。

會、議、決、行、果才是會議的完整週期。週而復始。

141. 磁場

有些人運勢一直不怎麼好，感覺江湖陰險，世態炎涼，每天刀光劍影，見到的都是壞鬼。

有些人日子過得很平安，一年到頭沒有見到半個壞人，為什麼呢？

因為一切境界都是自己的磁場造成的！

一般人進入五星級飯店大廳，即便喉嚨有卡痰，也會自然的忍下來，可是一出飯店，走進暗巷，看到那個溢滿垃圾的垃圾桶，你那口痰自然就往那裡吐，然後把身上的垃圾一股腦兒盡往那裡倒。

是不是這樣？

磁場也一樣，你自己是像五星級飯店大廳的磁場，還是暗巷裡垃圾桶？你自己決定。

142. 克服緊張

在生活中很多情況會讓我們的情緒起伏，有時候因為緊張，有時候因為壓力，有時候因為激動，這些都會讓我們無法正常的應對。如何克服呢？首先要放鬆，再來用心關照呼吸，在吸氣的時候感覺鼻腔、頭頂喉嚨有清涼感覺。當呼吸平順了，心也就穩定了。

吐氣、深呼吸都可以作為補助，但嘆氣一聲就好；深呼吸三次即可，主要是放鬆呼吸，心就平靜。

143. 委屈

不管在職場或在生活上或多或少都有受委屈的經驗，有時候為了顧全大局，有時候做替死鬼，有時候被誣賴……這些委屈心裡都不會舒服。受委屈的時候怎麼辦呢？

那要看自己的承受能力。在台灣南部有一種水果叫蓮霧，農民把它種在鹽分偏高的靠海的田裡，任海風的吹打，如果能活下來，那蓮霧吃起來特甜、口感特好，因此非常珍貴，價格相當高。

如果你能夠承受，你通過考驗，當然你可以變得更強的人，如果你無法承受，那要你找上司、前輩、老師的協助，看看有沒有辦法轉個念頭釋放壓力，否則你只能離開那個環境，不要讓委屈吞蝕你。

144. 慚愧

把慚愧的心拿掉就是「斬鬼」，心裡有鬼要斬鬼，斬心裡的鬼就是斬心魔。

有慚愧心的人會反省、檢討、感恩，這些都是人格、人品養成的重要元素，有慚愧心的人是知恥的人，德行會進步。

假使犯了錯，不僅不懂的反省，反而強辯自己沒有錯甚至把過錯推給別人，那真的無恥，無恥的人心裡的鬼揮之不去、如影隨形。

145. 生權

人類自古以來的神權到後來的君權，從君權到近代倡導的民權，從民權到現在提倡的動物保護，就是眾生都有生存權利的「生權」。

尤其地球暖化，熱帶雨林逐漸被消失，也使得很多生物面臨絕種，所以我們應該護林與造林，讓生物維持平衡，所以育林、造林比「放生」來的有意義，因為放生不能讓生態平衡，造林可以。

不管我們在什麼單位服務，都要保持覺性，用「造林」來維護「生權」，唯有人類與各種生物取得和諧平衡，這個地球才不會反撲甚至消失。

146. 賭博

嗜賭的人往往不會腳踏實地，也就是不實在，是投機主義者，是貪心作祟。因此很多人利用這種貪念設局出老千，所以十賭九輸，輕者無心工作，重者傾家蕩產、跑路躲債。如果你身邊有這種人，遠離他。這種人當老闆、當職員都不會有成就。是朋友只會把你拖下水。如果你的伴侶是賭徒，你決定跟他愛相隨，那你要有把身家財產押下去，隨時要有跑路、亡命天涯的心理準備。

如果你是賭徒，你願賭服輸，那你是大丈夫，問題是你承不承受得住？沒有幾個賭徒不牽連家人、公司、朋友的，說願賭服輸，那只是說說而已。小賭怡情，家人朋友，打打麻將，輸贏吃飯錢，算是娛樂，不要沉迷。

147.
沉迷

沉迷與專注不一樣，沉迷是向外擴散；專注是向內集中。玩物者是迷，重症者叫沉迷，如沉迷於打電動、沉迷於打牌、沉迷於聲色場所、沉迷於菸酒毒品，沉迷者浪費時間、失去生活的鬥志，因為沉迷只是填補眼前的空虛而已，對於生命成長沒有幫助。而且久而久之會感覺更空虛。專注的人立定志向，勇往直前，排除萬難，日久見功。在人生的道路上，當沉迷的人在原地踏步，專注的人早已遠遠的甩開距離。

148.
改變

如果你想成功，必須得行動，一直想一直想，你不去做，永遠都不可能成功，不敢行動就不可能成功，行動一定會有困難，通過種種的難關才能到達成功的彼岸。

不要怕失敗，失敗是成功之母，要有母親才有自己，沒有失敗的經歷，成功哪能靠譜。

不要晚上想想千條路，早上起來走原路。

149. 自艾

自悲自嘆，自以為是，你只能原地打轉，要正知、正見、正思惟才能尋找出路。劉德華說：「不要總是和別人說你沒錢，這樣你會越來越沒錢；不要向人訴苦，這樣你會越來越苦；不要輕易評價別人，因為你怎麼證明你了解別人；不要輕易的和別人掏心掏肺，因為可能有一天你會後悔。」很多苦，只能往自己肚子裡吞；很多事，只能說給自己聽。

150. 欺騙

一般的騙叫欺騙，惡質的叫詐騙。騙人的人，一時會騙到感情、權利、名位、金錢，但都不會有好下場。

說謊是輕微的欺騙，為了圓謊，還要說更多的謊，對一件謊言的圓謊就很累，何況說謊成性呢？

習慣說謊的人，總有一天謊言會被戳破的，因為越說謊，越露出更多的破綻，當然謊言會被拆穿，人會沒信用，大家都不相信他，做人不誠，如何做事？說謊的人如此，何況欺騙、何況詐騙呢？

151. 被騙

為什麼被騙，常因為貪念。

當慾望、情感蓋過理智，容易被騙。

貪財的人被騙錢、貪情的人被騙色、騙財、騙身。

貪念就是被誘惑、魅惑，自己被牽著走，你扛不住誘惑、扛不住壓力，所以被騙。

公司周轉困難時是最頂不住壓力的時候，最容易被人乘虛而入、趁亂打劫。

還有一種是明知被騙甘願受騙，大部分是因為情感。朋友阿宣說：「被騙有時是因為心軟，有時是被強迫不得已，我有過經驗，我媽以前經常跟我要錢說要看醫生，其實是拿去賭博！」

這是情感蓋過理智，為了親情，寧願被騙。

152. 成功的條件

一　自律：自律是自我約束，能夠做自己的主人，有良好的生活習慣，不被外物所牽，不好的習慣如：好吃懶做、酗酒、吸毒、沉迷賭博電動、聲色場所，因為生活的惡習會散亂自己的心志。

二　好學：學習做人做事，應對進退的道理；對事務抱持好奇心，虛心學習的態度；多交良師益友；培養讀書的習慣。

三　實踐：不怕要失敗，很多失敗的成功是紮實的成功，馬上成功是豆腐渣成功，經不起考驗的。耐吉公司的口號是：just do it! 然後打勾，去做就對了。

四　分享：分享成功及失敗的經驗，分享成功的果實，財聚人散；財散人聚，資源分享，只會讓自己更強大。

153. 寒山與拾得

寒山問拾得：「若世人謗我、欺我、辱我、笑我、輕我、賤我、惡我、騙我，我當如何？」

拾得說：「我得忍他、讓他、由他、避他、耐他、敬他、不要理他，再待幾年，你且看他。」

簡單說，嘴巴長在人家身上，他要說什麼，我們管不著，跟我們沒有關係。

但是我們對人謙、讓、誠、敬是我們自己的本分。

他管他的事，你管好自己的事，各管各的，每一個人都要為自己所說所做的負責任，善有善報　惡有惡報。

不管是同事關係，上下關係也是一樣，管好自己是第一要務。

逍遙自在是人生最完美的心境，只要你肯，就能擁有。

154. 求缺

人無完人。所以有缺。

缺錢的要錢；缺愛的需要愛；身體不健康的就想盡辦法恢復健康，缺伴侶的求伴侶，膝下無子的求子……在我們的周邊每一個人或多或少都會有缺。只是缺少的東西不一樣，求「缺」是每一個人的盼望。所以與人相處要能夠明白對方缺少什麼，

就比較能有同理心去對待。

俗話說：「世事洞察皆學問；人情練達即文章。」

這兩句話把人情世故寫實了。

155\. 三

俗話說：「富不過三代。」

第一代開創、第二代守成、第三代衰敗。

第二代有看到第一代的辛苦，所以能守得住家業；第三代含著金湯匙出生，得來太容易，失去也很容易，是不是這樣？

俗話又說：「事不過三。」

的確，在學校記三大過就要退學。

所謂：成、住、壞——空；生、老、病——死。「空」與「死」都是「過」三。

當然要看三的定義，如果第一代開創、第二代繼續開創的話，那還是一，第一代開創；第二代守不成、直接衰敗，直接過三。

所以事在人為，要看經營者們的能力與心態，所以有曇花一現的公司，也有幾百年的家族企業。

156\. 河流的樹葉

人生像河流，人就像漂浮在水面上的樹葉，樹葉自然聚、自然散，最終流向大海。比如國小同學一起的緣分六年，畢業之後各奔東西，幾十年過去，大概誰也不認識誰，即便同學會，聊的過去的點點滴滴以外，很難有共同的話題。出了社會，與同事共事，緣深的，共事時間長，緣淺的就如兩片樹葉不久就遇到湍急，自然的分開了，以後能不能夠再相遇就很難說了，因此在一起的時候大家惜緣，分開了就隨緣，人有悲歡離合，月有陰晴圓缺，不要太糾結。

157. 親戚共事

能做親戚是先天的緣分，不是我們能夠決定的，現代社會對於親戚感情可能沒有那濃厚，但是近親還是有在互動的。

父子、夫妻、兄弟、姑表、姨表等親戚在同一公司上班，關係太好會影響跟「外人」（無親戚關係）同事的互信關係；如果關係不好，親戚每天上班相見很痛苦。

假設壞到有一方意見不合，含怨離開公司，日後相見會很尷尬，姑姑阿姨誰誰家裡有婚喪喜慶還是得參加，心裡不想見面還是得見面，見了面寒暄很不自然，這是屬於人生八苦中的「怨憎會苦」。一輩子脫離不了。

為了避免這種結果，要在開始就要想清楚要不要共事。

158. 合夥事業

志同道合、價值觀大致相同是合夥做事業的先決條件。

陰陽調和是合夥事業最重要的一件事。

個性、專長能互補才能陰陽調和，剛配柔；陰配陽；生產配銷售，這樣才能互補。

另外，既然是「公司」，不能夠私心太重，度量要大一點，脾氣小一點，斤斤計較不會和，公司以和為貴，不合不能和。

159. 投資

不管是職員、主管還是老闆，一生多多少少會有一些投資的機會。

投資理財是大家需要的，市面上各種投資理財的商品琳瑯滿目，股票、債券、期貨、保險、不動產……等等，真是目不暇給。

還有一種是事業的投資，一般要找人合夥。

各種投資都想賺錢，也都有風險，高風險高報酬、低風險低報酬這是正常。但有些「金錢遊戲」標榜非常非常高的報酬率，那是利用人的「貪念」，你貪人家的利，人家覬覦你的本，這種陷阱，很容易進去，很難得出來。

因此各種投資以「戒貪」為第一要務。

160. 同學共事

很多人出社會想搞創業，因為人際網路沒有很廣，自然的就找同學一起開公司，可是一般的結局以不歡而散的居多，為什麼呢？因為：

一　同學的同質性太高，少互補。

二　共學容易共事難。同學時期沒有利害關係，好相處；共事後有利害關係，容易造成衝突。

還有一種同學不是股東關係，單純是同事關係，這種關係在組織裡有競爭、比較、分別的心理，一方升官加薪，另一方就顏面無光，在同學圈傳開來，連同學都做不成，所以同學共事要三思。

161. 公司文化

每一個人都有自己的個性，因此與眾不同。每個公司也一樣有它自己的特性，這種特性就形成公司的文化。

有些公司是嚴謹的，進去的時候不自覺的整理儀容；有些則是一派輕鬆，不拘小節；公司文化大致是領導人的人格特質形成的，因為領導人的風格帶動，同仁的語言模式及行為模式都很相近，久而久之變成一種習慣性。

哪一種文化比較好，哪一種比較不好，其實沒有一定的標準。

只是要進去公司上班之前或則要跟這一家公司打交道之前應該先對該公司的公司文化先了解，才不會產生美麗的誤會。

162. 經營理念

一個企業的經營理念是公司的靈魂，沒有理念的公司就像沒有靈魂的軀殼。

公司的理念應該闡述公司存在的意義及對社會的貢獻，是一個公司的名片，跟外界介紹自己公司的媒介。

理念來自於經營者的心，看公司理念大概知道公司的用心在何處，格局有多大。

163.
經營策略

經營的策略是在經營過程中因時、因地、因人所制定的最佳行動方案。公司要衡量自身的資源多寡、強弱，在業界的競爭力及產業的未來性……等因素做分析然後制訂經營策略。

經營策略似水，要保持覺性，隨時調整。

經營理念是用心；經營策略是用智。

164.
經營環境

大環境中有小環境，大環境好的時候，掉入經營困境的公司到處都是；大環境差的時候，門庭若市、大排長龍的店家也有不少。

如果大環境不好的時候，當然要面對經營的挑戰高，這時候要想辦法創造自己的小環境，也就是「殺出重圍」，用創新來突破困境。

165.
傳子

一般家族企業及家庭企業是「家天下」的概念，也就是（家產）繼承人就是接班人。

所以把事業交給自己的子女乃是天經地義的事。旁人還是旁人。可是要面臨接班能力及接班意願的問題。

「選賢與能」應該是不分內外的，如果硬要沒有能力的孩子接班，對公司的發展不利，劉禪阿斗的故事恐怕一再重演。

另外，每一個人都是獨立個體，都有選擇自己人生的方向，如果孩子有自己的人生規劃，不想接班而無奈去接班，對大家都不公平。

166. 困

困，易經卦名。依照五行論，日出東方，東方甲乙木，「木」是生機，生機被「圍」起來，被「困」住了，在職場、人生常常會有這種狀況，找不到出路。這時候即便想對人家訴說，也沒人信，真悶！

會被困住，大致是因為情感，情感蓋過理智就容易為情所困，自己被自己綁住，作繭自縛。

這個時候要保持清醒，不要迷失自性。困而後學，遇到困境時更要學習，尋找突破，讓智慧增長，才不被情感綁架。

167.
孔子人相學

易曰：「將叛者其辭慚，中心疑者其辭枝，吉人之辭寡，躁人之辭多，誣善之人其辭游，失其守者其辭屈。」

孔子在易經繫辭傳的最後告訴學易者聽其言即可觀其人：

凡是有叛變之心的人，他的言辭中一定慚形於色；凡是內心有疑慮的人，他的言辭一定枝枝節節，不能斬釘截鐵；凡是有修養的大吉之人，他的言辭一定簡單樸實；凡是躁急多欲的人，他的言辭一定滔滔不絕，說個不休；凡是誣害善良的人，他的言辭一定浮游不定，閃爍其辭；凡是違背職守的人，他的言辭一定不能理直氣壯。

168.
易經三難

人生如海波浪，有高潮也有低潮，不管高潮低潮都有難處，水代表錢財，也代表險難，易經有三卦講到「難」處，卦中都有水，既是險難也是機會。

「屯卦」水在上雷在下，水雷屯，屯是小草剛剛串出來，也像萬物的初生，在事業是創業階段，脆弱卻要面臨著生存的挑戰。

「困卦」困難——被困住的難，動彈不得，生機被困住，說話沒人信，非常難受，大部分的「困」都是作繭自縛，自己把自己綁住，其中「為情所困」居多，這個時候要從感情漩渦中抽離、放下然後去學習脫困的辦法。

「蹇卦」之難在於寒足——走不動，加上前方有窮山惡水，所以寸步難行，事業遇到蹇卦是難中之難，內在腳的行動已經不便，外在有山阻擋、有水要涉，這個時候要找尋解決、解脫的辦法，要從內部強化做起，行動不便，可先坐輪椅，再找越山渡水的對策。

169. 易經三故

故，過去、以前。易經有隨、革、豐三卦是講「故」的。

凡走過必留下痕跡，有好的、有壞的，「革卦」去故，改革、革命、革新都是革，主要是大清掃，掃除過去種種好與不好。

「豐卦」多故，豐富、豐功偉業都有很多的過去，有好的有不好的，易曰：豐，宜日中。把過去種種攤在陽光下，把發霉的、陰鬱的曬一曬，好的不好的都攤在陽光下就是光明，用光明照見過去的陰暗才能持盈保泰。

「隨卦」無故，活在當下，隨機應變，當機立斷，沒有過去的包袱，該怎地就怎地。

「故」的因應，隨重在順應當下、豐重在梳理過去、革重在創造未來。

170. 訟不可久也

訟，易經卦名，言之以公為「訟」，公說公有理；婆說婆有理，當無法取得和解的時候，就要訴諸以公，也就是找公信單位調解。現代語叫訴訟，請法院裁定。因為法官畢竟不是當事人，所以並非一時半刻能夠解決的，因此官司纏身，告人的、被告的心情都不輕鬆。

因此，冤家宜解不宜結，最好是一審和解。易曰：「訟不可久也。」有罪者先認錯，再跟律師商討減輕刑責、減少損失的方式，事情就好辦，告的那方也比較能夠和緩，取得協議，不要浪費社會資源。

171. 球是圓的

幾乎所有球都是圓的，因為圓的，容易轉動，阻力較小，路線容易控制，大家都接受，所以球不論大小幾乎都是圓的。

地球是圓的，你直線的走一圈，會回到原點，不會走偏。

為人處事也一樣要圓的，大家都能接受；方方的、稜稜角角的個性人際阻力大。

自己心態對外是圓的，對內是正直的，不管走多遠，還是回歸自性，不會迷失。

172. 反彈

作用力就有反作用力。施壓就有反彈。

拍球力道越大，球的反彈越高。這是拍在堅硬又平整的地面上，如水泥地、柏油路面。

如果球拍在硬的卻不平整的地面上，如石頭路面、泥濘地上，它的反彈是不可預期的。

如果把球拍在棉被枕頭上，它可能彈不起來。

所以介面很重要。有時候你是（被拍的）介面，有時候對方是（被你拍的）介面。

如果你是介面，你要用什麼介面來接受這個球；而對方是介面，它可能是什麼介面，是水泥地？泥濘地？還是棉被枕頭？

知己知彼，對立的情勢就能控制。

173. 情理法

西方是法治國家，一切依法行事；是法理情；中國人講人情，先講情份，所以見面三分情、套交情，有關係就沒關係，是情理法。

到底是情理法好呢？還是法理情好？

到處講情，一切人治，就沒有一套標準及規範，社會秩序很難維護。

一切依法處理，不講情面，好像人與人當中少了那麼一點人情味。

尤其是對親人、情人在一起，一切用法來相處當然很彆扭。

你可以把做人做事分開，做人用情理法；是不是比較合情合理？做事用法理情，是不是比較合理合法？

家人是談感情的，家「法」拿出來侍侯的時候已經是沒有辦法的辦法了。

174. 技藝道

有數字的競賽很容易確定誰好誰不好，如營業績效，公司常常會有這種競賽，也就是可以質、量化的部分。

但是其它的無法質量化的部分就很難去比較，比如說哪個公司的 logo 好看？哪部車子好看……等。

有些人一輩子在比賽書法、繪畫、太極拳等，那是比技術，「技術」可以分高下。「藝術」就難分高下，「道」就沒有高下之分。所以境界高的人不再停留在技術層次上。

在社會行走也不會像鬥雞一樣，見面就要比劃一下，這樣層次不會提升。

到底畢卡索的畫好還是張大千的畫好呢？

境界太高，無有高下，有人愛青菜有人愛蘿蔔，大家互相尊重，喜歡就好。

175. 真善美

人生真善美三層次，兒時肚子餓就哭、要不到玩具就賴在地上不走，給個糖就笑，天真無邪。

但是出了社會以後，人與人之間的互動就不能天真的任性，要考慮對方的立場，要有同理心，這個時候就提升到「善」的層次，要與人為善。

到中晚年，如果太考慮對方，容易失去自己，太過者會被認為工於心計、機關算盡，所以要提升到「美」的層次——人與你相處如沐浴春風，覺得很輕鬆自在，沒有壓力，這是美的境界，而美的境界裡都有善良與天真的本質。

176. 謀定而後動

很多人一遇到事情就很緊張，很慌亂，找不到方法、抓不到方向，因此事情沒辦法解決。

所以遇到事情應該要先沉著冷靜、不慌不亂，要先「定」下來，分析判斷，才能夠找出問題，從而解決問題。

慌亂即迷，迷路的人找不到出路，迷失的人找不到方向，明明要去北京，卻往南方走，越走越遠。

177. 為政不在多言

在家裡、組織裡那個最囉嗦、最嘮叨的人一定是最沒有地位的人。最有地位的人不多話，一出口，一言中的、一言九鼎，一言可以興邦；一言可以亂邦，所以說「為政不在多言」。

言多必失，多言必敗！聒聒噪噪的人沒有威儀，不能夠做領導人。

易曰：「言行，君子之樞機，樞機之發，榮辱之主也。言行，君子之所以動天地也，可不慎乎。」

178. 患難與共

那位將軍帶兵來到一個村落暫時歇歇，村里長老帶一壺酒來孝敬將軍。部將們都看到了，每一個人無不注視著那一壺老酒，軍旅生涯餐風露宿，有水可喝已經萬幸，何況是酒！稀有中的稀有，心裡想：老大如果能賞一口酒不曉得多好！

可是將軍一個人喝就不夠哪可能輪到我等部將，何況一般士兵？

將軍收下酒，召集三軍將士：「各位，這一壺酒我與諸位共享，大家備好杯子，且讓我將這一壺酒倒在江中，與大家共飲之。」

不患寡而患不均，帶兵帶心。

179. 赴湯蹈火

戰國時代吳起，善於帶兵，同甘共苦，將士們樂於為他效命。那天，他看到一個士兵長了瘡、流了膿，他立馬幫這位士兵把膿吸出來！這事傳開來，輾轉傳到士兵的母親的耳朵，母親不但沒有高興，反而嚎啕大哭說：吳將軍也曾吸過我老公的膿瘡，結果每次打仗都奮不顧身來報答將軍，後來戰死沙場！如今舊事重演，看來我孩子也死定了！

帶兵帶心，帶人帶心。

180. 密

子曰：「亂之所生也，則言語以為階。君不密則失臣，臣不密則失身，幾事不密則害成，是以君子慎密而不出也。」

孔子說：一個國家、社會、企業之所以亂，都是有人亂講話，不能守口如瓶。老闆不能管好自己的嘴巴，則會失去自己身邊幹部的擁護；幹部管不住自己的嘴巴，則會丟掉飯碗；謀略計畫提前曝光，則見光死；所以有守有為的人都是謹言慎行的人。

能講的話不一定要講，因為不一定輪到自己講；不能講的，半句口風都不能洩漏出去。

181. 先後

子曰：「君子安其身而後動，易其心而後語，定其交而後求，君子脩此三者，故全也，危以動，則民不與也，懼以語，則民不應也，無交而求，則民不與也，莫之與，則傷之者至矣。」

孔子說：君子要能先讓人身心安頓之後才能有所行動；要能交心才能談事；有了交情之後才能請託。君子能修養到這三種德行，才能周全。

如果用危險造成暴動，則民眾不會參與；用恐懼造成流言，則民眾不會響應，沒有交情而有所求，則民眾不會幫助，不幫助，則傷害的事就來了。

這裏講的是人情世故，切勿交淺言深，沒門。

182. 騙錢

金錢與感情的糾紛（情與財）是當今社會最常發生的社會現象，攤開報紙，沒有一天不發生。

我們一生當中也或多或少有被「金錢」波及的經驗。

被騙錢有時候是因為「貪」，聽說很好賺；有時候是因為「情」，心太軟，所以借錢。

錢拿出去了以後發現才被騙，追不回來。

而且大部分都是被自己的親友、同事所波及。實在是防不勝防。

怎麼辦呢？如果因為貪，戒貪即可；因為情，量力即可。

借貸關係（包括作保）適可而止，親友有急難，一定要幫忙，但是不能把身家財產全都押下去，家人還要養。

183. 品質不是檢查出來的

有些企業照顧員工，每一年都會要員工去做身體檢查，以掌握員工的身體狀態及全公司上下的健康指數。

當然這是公司管理的一環，自然有其必要，可是更重要的是鼓勵員工隨時保持一個健康的身體狀況，這樣才是治本之道。

每個生產線都有品管站，當產品經過一連串的生產程序，完成了再做品管，如果產品不好就直接剔除掉，健康檢查跟品管站的作用是一樣的，因為品質不是檢查出來的，當然健康也不是檢查出來的。

要維持健康應該從根本做起，均衡的飲食、良好的生活習慣、適當的休息運動應該比健康檢查重要。

184.
捨一得萬報

清潔工阿姨在公司裡是最沒有地位的，阿姨在公司煮飯兼打掃，一天中午向單位領導請假不准，臉上帶著一絲的難過，老闆娘看到了問來由，原來是阿姨的寶貝兒子生日，想請假早一點回去燒幾道菜給孩子慶生。

老闆娘聽了之後，跟幹部交待：准他假，然後老闆娘親自去買一個生日蛋糕讓阿姨帶回去。

這個動作感動了阿姨也喜樂了她的家人，於是阿姨待在公司，即便公司遭遇多麼困難的處境，她依然不離不棄，情義相挺至今二十年。

185. 自由

西洋諺語：「生命誠可貴，愛情價更高，若為自由故，兩者皆可拋」。說的是「自由」凌駕在「生命」與「愛情」上。

誠然，禁錮的生命與愛情的枷鎖都比不上一顆自由的心。

而自由是建立在「自律」上，沒有自律；沒有自由。

你要財富自由嗎？那你就要約束自己努力上進，立定目標，按部就班，讓自己有財富以後才能夠自由，如果你不自律，放浪形骸，我行我素，鈔票不會從天上掉下來。

你要身體自由嗎？那你得注重飲食均衡、適當的運動；你要時間的自由嗎？那你得要能夠更有效率的利用時間，而不是自由的浪費時間；你要心的自由嗎？那你要制約你的慾望，該放下的放下。

所以自由是建立在自律上，沒有自律，不會自由。

186. 上中下管理階層

下層管理階層直接面對基層員工，主要在於「技術面」的領導，如何操作、如何作業等。

中層主管，上有高層主管、下有基層主管、旁有平行單位，因此人際關係面為其重點，承上啟下、下情上達、左右協調，這些都是「人際面。」

上層主管要帶領企業的走向，像舞龍的龍頭，龍頭偏了，後面的龍身、龍尾也跟著偏了。所以「策略面」的制訂是上層主管的主要工作。

無論哪一層，主管都應該有一個共同特點——領導魅力，帶「心」的能力。

187. 賣假貨

是真是假？假假真真，以假亂真，這個時代騙子多，現代女性化妝技術也厲害得很，要能不被妝容騙，除了肉眼以外還得要有慧眼。

現代人跟流行、瘋名牌，有需求就有供給，於是買不起名牌的人就想買仿冒品過過癮，於是就有不肖業者專門生產仿冒商品。

仿冒是侵權，犯法行為，實不可取，但如果你實話實說，告訴消費者你的產品就是仿冒的，賣的價錢也便宜很多，那你是真小人。

可是如果以假亂真，以假賣真，明明是假貨，騙人是真貨，高價銷售，這種是偽君子。

真小人好過偽君子。

最好是做個正人君子，好吃好睡，心無罣礙，比較實在。

188. 孝親

忠臣必出於孝子之門，看人忠不忠，去看他孝不孝就知道了。

做主管、老闆的人應該做好榜樣，一個孝順父母的老闆，基本上不會壞到哪裡去，跟著這樣的公司，也不會差到哪裡去。

除了做好榜樣，主管應側面的了解自己的同仁有沒有孝順，孝順的同仁基本上是忠心的，如果同事背叛，那做老闆的要檢討自己哪裡有錯，而背叛的人要明白自己也好不到哪裡去。

男女朋友交往，論及婚嫁時必須要到對方家裡拜訪，一方面基於禮貌，另一方面要確認對方對待父母的態度，如果連對自己的父母態度不好，他會對誰好？

189. 惰與傲

曾國藩說：「天下古今之庸人，皆以一惰字致敗；天下古今之才人，皆以一傲字致敗。」

不管在哪個年齡階段，都不要放棄管理身體與嘴巴，不停止學習；哪怕才幹出眾，也要懂得謙遜有禮，心懷敬畏。

190. 色戒

色字頭上一把刀，很容易傷到自己，掉到色欲的漩渦中很難抽離，所以俗話說：「問世間情為何物，直教人生死相許」。

社會新聞常常出現雙雙殉情的、互相傷害的、謀殺的……都是因為情色沒有適當的處理所致。

人是感情的動物，誰遇到誰，誰又跟誰好，這種化學反應不是常理可以解釋的，只能說是緣分，所以相愛的人要珍惜，即便走到盡頭，哪天不愛了也希望能和平收場，即便有怨，也要成熟處理，切勿用傷害的方式，否則生生世世糾結不清。

有些人性好漁色，喜歡流連煙花柳巷，不能自己，請小心花錢又傷身，一時的爽快不要造成一生的遺憾。

如果要在那裡尋找真感情，環境不對，虛情假意，落花有意，流水無情，自古多情空餘恨啊！

191. 福報

福報在哪裡？在應對進退，應對進退得宜的人福報大，因為大家都喜歡他；應對進退不得宜的人不僅沒有福報，甚至造惡業、遭惡報。

應對進退不好的人再聰明也沒有用，應對進退好一般講他的 EQ 好。

EQ 好，人格性健全，家庭生活美滿，與人相處和諧。

在工作上助力多而阻力少、貴人多而仇人少，自然福報好。

192. 聰明與智慧

智商英文叫 IQ；情商英文叫 EQ；還有一種叫做般若智慧 BQ。

IQ 與 EQ 過去以來探討很多，大家有一個概念，就是 IQ 是智商，智商高的人會讀書，邏輯概念強，頭腦清楚，考試往往名列前茅，大家多說他很聰明。

情商高的人會做人，人際關係特好，頭腦也清楚，在團體中比較受人歡迎。因為智商高的人比較高傲，與人相處有障礙；情商高的人比較會為別人著想，與人相處融洽，貴人比較多。

智商高的人，分辨能力強，用的是「識性迴路」。

情商高的人，善與人相處，對於任何情境都善於化解，用的是「心性迴路」。

還有一個有般若智慧的人（簡稱 BQ），善於跟自己相處也擅於應付生活中任何狀況，因為沒有分別、沒有執著、沒有對立，所以他活得很自在，他用的是「生命迴路」。

193. 事業2

易曰：「形而上者謂之道，形而下者謂之器，化而裁之謂之變，推而行之謂之通，舉而錯之天下之民謂之事業。」

事業的定義在二千五百年前孔老夫子已經給一個最佳定義了。

看不見的是道，如春夏秋冬、四時運轉；看得見的是器，亭台樓閣、鍋碗瓢盆，看得見的、看不見的你都通曉，然後能消化剪裁、能夠推行，那就是會變通，所作所為都是為了大家服務，就叫「事業」。

依照這個定義，開公司的老闆如果做的是為己那不能算事業，販毒強盜集團的老大也不算是做事業，要能利益眾生、為大家服務的才算事業。

你不是老闆，你是伙計，如果你能用你的聰明才智，為大家服務，那也是事業。

做老師也可以是事業，德瑞莎修女她不開公司，但是她在做偉大的事業。

194. 空間

開車的時候，車子與車子都要保持距離，否則會碰撞。

畫一幅畫也要有留白比較好看。

人與人之間也要保留空間，親人、情侶、屬下之間的對待都應該給雙方留空間。

在身邊如影隨形；不在身邊就奪命連環扣、這樣會抓狂！

給自己有生活的空間，讓自己得以喘息，喘不過氣來會窒息。

給自己有回頭的空間；不要把自己逼上絕路，那就回不去了。

居住環境塞的滿滿的，住起來一定很難受。保留空間很重要。

195. 時間

不論男女老少、富貴貧賤、高矮胖瘦，滴滴答答，分分秒秒，時間對每一個人都一樣公平，一天二十四小時，分秒不差。

善用時間的人，配合良好的習慣，一般而言比較會成功。

有時間觀念的人比較會守時，不遲到的人比較讓人信任。

時間有絕對的時間與相對的時間——

時間滴滴答答一分一秒，那是絕對的；可是在等待的時候、困難的時候、生病的時候總覺得時間過的好慢好慢；而快樂的時光總覺得過的好快好快，這是相對的時間，時間的長短在於你的心境。

一輩子說長很長，說短很短，你要怎麼渡過你的人生呢？

時常保持覺性，你的時間就很有意思，你的生命就很燦爛。

196. 溝通

俗話說：「書不盡言；言不盡意。」

再厲害的表達高手，真的能夠完全把自己心裡所想的百分百表達出來嗎？我看沒有。

有說話的人，聽懂不懂就是理解能力。能夠百分百能夠理解說話者的真意嗎？我看很難。

溝通是雙方的問題，假設一個人能夠表達八成意思，聽話的人也能聽懂八成，那麼溝通的效率是六．四成，失真四成，那溝通有效嗎？

俗話說：「見面三分情」，有溝通勝過沒溝通。至於溝通的效果是每一個人要努力提升的，提升說話與聽話的能力。

更重要的是心的溝通，心心相映的溝通比訛虞我詐的溝通效果好，互信很重要。

197. 傳言

小時候我們都玩過「傳話」的遊戲，當話傳到最後一位同學的時候，答案跟原來完全不一樣！可見傳話會失真。而且失真的程度匪夷所思。

因此在公司裡多多少少會有一些八卦消息，這個消息來源本來就不一定正確，可八卦這麼一傳，什麼事情都可能傳開來，本來就沒有什麼事，卻傳得很難聽，這是組織裡的小蟲，侵蝕組織。

謠言止於智者，不要中了圈套，不要被人利用，心中有定見，流言不散播。

198. 眼見為憑嗎

道聽塗說不可採信，所以要眼見為憑，但是親眼見到的就能相信嗎？

孔子周遊列國，困於陳蔡，幾乎斷糧，為了節省，只能煮粥，那天輪到顏回煮粥，有學生向老師打小報告說：顏回煮粥的時候偷吃，我親眼看見。

孔子不太相信，於是把本人叫來問：回啊！剛剛同學看到你煮粥的時候偷食，是真的嗎？

顏回回答老師：是的。方才煮粥時看到鍋內有一顆老鼠屎，所以把它撈起來，屎旁邊有一顆米，丟掉可惜，所以就撿起來吃。

所以打小報告的同學看錯了嗎？沒有。

顏回偷吃了嗎？嚴格講：不算。

所以雖然有被看見，那個表象並非實相，「眼見為憑」要看你用小心眼、肉眼？還是慧眼、法眼。

199. 創業之心

不懂的不要碰，真要碰，先學習。

你在公司學習，懂了才碰，要真懂。

大軍入境，糧草先行，沒有糧草，馬上餓死，無法打仗。

創業要資金，有多少錢做多少事。

創業前要考慮「人、事、時、地、物跟錢」：

找誰？（夥伴、客戶）

做什麼？（行業、營收）

時機？（機會、威脅）

在那裡？（基地、市場）

貨呢？（原料、產品）

錢呢？（多少、停損）

停損點的設定是必要的，不能搞到家徒四壁不得翻身。

如果失敗，一要記取經驗，二要留後路，尤其人格與信用，不能破產。

記住：

一 創業是艱辛的過程，要有最壞的打算。

二 創業成功率比成功藝人還高，但是不會超過二成。

三 創業能成功靠自己努力以外，時機、運勢及貴人很重要，要時時感恩，不要認為天下是你一個人打下來的，那不靠譜。

200. 創業

創業者自有創業者的人格特質，懦弱的、保守的、消極的人基本上沒有創業的基因。

創業者大致都是無可救藥的樂觀主義者，因為樂觀，可以面對創業時的困難與滄桑。

人的事情要搞定、錢的事情要搞定、業務的事情、產品的事情、都要一一的面對它，搞定它，如果沒有創業的特質，很容易被擊垮。

所以對於創業者，要給予尊敬，沒有創業者的開創，一般人哪有工作機會？如果覺得老闆太摳門、規定太機車，你能夠明白他的辛苦就能以同理心跟老闆溝通，爭取合理的權益，如果溝通無效，心理很幹的話，你大可去創業，然後對員工好一點。

201. 無重量的生意

我出社會一開始賣工業澱粉，一公斤十塊錢，從貨物包裝、入倉、存倉、出貨、運送、卸貨，一卡車載十噸就是十萬元。

後來看到朋友做集成電路，他包包裡的晶片價值幾千萬，不用卡車，那時候相當震撼，也好羨慕。

後來微軟的 window,office 等軟體沒有重量，不需要運送，它行銷全球，單價不高，但他可以做數百千億！

所以沒有重量的生意可以很強大。

目前的房仲、保險、金融、服務、代理、網路、通訊、各種 APP、網路電子書、在線視聽、抖音、線上遊戲、網紅……都是沒有重量。

因為無重量，賣的是服務、技術、知識財產，所以產品只有過時的問題，沒有賞味期限的問題，不用倉庫、不用物流，不怕壞掉，經營策略異於一般食用品。

202. 網路世代

現代中國把網路的應用發揮到極致，如果你沒有智慧型手機、沒有電子帳戶、沒有APP，連叫計程車都很難，變成現代的文盲，寸步難行。

因為網路的應用，使得生意模式的轉變，沒有用網路行銷的企業很難生存。

韓國偶像電視劇近年來很轟動，世界各地有很多追劇人，有人腦筋動得快的人，乾脆在韓國成立「與女主角同步流行」的企業，在拍攝現場掌握男女主角的穿著打扮，把版型、布料準備、配飾準備好，等到播放的當天就可以網上接單生產，一星期內交貨。如此電視還在演，消費者穿戴就與女主角同步了。

這種趕流行的生意，不用太多的庫存，不怕呆貨，只要追著劇組跑。

203. 順勢

電腦3C時代來臨，文字不是用寫的而是用打的。因此各種筆的需求性不如以往，不論鉛筆、原子筆、鋼筆、毛筆等等書寫工具幾乎是陡降式的衰退，這是時勢所趨。

販賣衣服的實體店面也是，因為衣服有季節性、流行性、樣式、顏色、尺寸等要滿足客戶的需求，而承擔店租、水電、人事成本加上庫存的壓力，生意被許多網路取代而面臨了生存的危機。

這是趨勢，各行各業應該保持覺性，隨時注意經營環境的趨勢，做適當的應變，要順勢而為。

204. 年輕主管

年輕的主管大致而言有以下的原因被提拔：

能力強：工作認真，績效良好，得到公司當局的肯定。

背景硬：皇親國戚、上頭安插、或者自己就是老闆。

學歷高：學有專精、有社會知名度、行業翹楚。

經驗多：對行業非常了解、有解決問題的經驗與能力。

主管年紀輕，要帶包括年紀比自己大的同事，的確比較困難。所以為了要讓屬下心服口服，年輕主管要能夠有主管的樣子，身先士卒、有責任、有擔當、言行能夠作為屬下的榜樣。

不要以力服人，應該以德服人。

205. AI、5G

改變你的生活方式是目前 AI 人工智慧發展及 5G 速度的配合所產生的一個劃時代的新技術、新生活。

5G 因為速度快、延遲時間極短，因此可以應用在遠端看病、遠端服務、虛擬實境、遠距手術、自動買單、自動駕駛、即時翻譯、人臉辨識、Siri 語音聲聞辨識、等等。在 AI 人工智慧技術支援下，讓一切變得可能，將來還會有更多的實際運用來解決人類所面臨的問題。利用大數據，人工智慧也可以代替醫生看診，準確度更高、也可以替代律師出庭、法官判決等。

如果 AI 配合 5G 可以做那麼多事，那麼人類以後要做什麼？能做什麼？

道德、正義、藝術、情感……還有很多屬於人性的部分人工智慧還做不到！

AI 及 5G 雖然提供人類未來很多的方便，卻是一刀二刃，尤其隱私不再，被監控、人臉辨識如何規範，將考驗未來人類的智慧。

206. 物質與精神

一陰一陽之謂道，有正面就有反面、有白天就有晚上，夏季白天長，冬季黑夜長，但是一年四季算起來白天晚上都一樣長，這樣就能平衡、能調和。

中國改革開放數十年，經濟發展突飛猛進，讓許許多多的人變成很有錢的人，在物質上非常的富足，但在精神世界就遠遠跟不上物質世界。

春秋時代思想家管仲說：「衣食足而後知榮辱；倉稟實而後禮義興。」

俗話說：「先顧肚子，再顧佛祖。」

現在肚子已經可以填飽了之後，總覺得日子過得很空洞，這個時候就要精神層次的提升，精神與物質是一體兩面，也像陰陽之道，要平衡才能創造均衡的人生。

207. 品牌經營

筆記型電腦代工利潤百分之五～六而已，很多業者在想：好像品牌經營比較好賺，因此躍躍欲試。

鞋子、皮包代工也是，一雙鞋代工三塊美金，而最終末端銷售價卻能賣到一百美金，更有甚者，還有消費者排隊買限量商品。

那何不自創品牌呢？

因為創造品牌不容易，貿然創造品牌，容易失敗。

品牌經營是全面性的，要能領導流行、宣傳廣告、銷售通路、行銷策略、庫存管理……最重要的要清楚消費心理學，懂得消費者口味、消費行為，這一切都不是一般企業能夠掌握的，尤其過去以生產為主的國內企業，建立品牌一下子要跨越很多門檻，在觀念上、行銷策略上及建構通路上所需要的資金，庫存消化的能力等等，是不容易的。

日本人口一・二億、美國三・六億、德國九千萬、因為市場規模可以支撐品牌加上產品的質量到位，所以容易建立品牌。

中國是人口夠多，市場夠大加上政策上的扶持下，得以創造品牌，而韓國五千萬人口市場規模不夠大，要以全球視野來打品牌才行，韓國政府傾洪荒之力的背後支持，才得以讓少數的幾家大型企業能夠打造品牌。

208. 老年化

二次世界大戰之後的嬰兒潮，給日本、韓國、台灣、中國等地提供了人口紅利，經濟因此成長。

近年來各國隨著生育率下降，人口紅利不再，經濟成長力道趨緩，老人問題也慢慢浮現。

紙尿布原先是專門給嬰兒用的，後來應用到生病無法自理的成人用，到現在高齡長者專用紙尿布逆勢成長，銷售量已經高過嬰兒紙尿布，這是當初始料未及的，這也顯示高齡化時代的來臨。

年長者動作遲緩，身體狀況多，輕者自理，重者要人照顧，這些都是未來的挑戰，也是機會，有心的企業可以投入這個領域，給公司發展的機會，也能幫忙解決高齡化的社會問題。

209. 長照

長照，長期照顧。

人年紀大，各種慢性疾病漸漸浮現，乃至不良於行或者失能，這個時後病人就需要長照。

高齡化社會是一個趨勢，老人家只會更多。不會更少。

因為生育力低，年輕人少，人力不足。一個年輕人照顧一個老年人，誰去從事生產？

現代人吃好、醫療好，壽命長是長，躺在床上的時間也長了，這種耗費資源的苟延殘喘，造成社會的負擔，自己活的也沒有尊嚴。

所以每一個人都要養身、養心，讓自己年老的時候不會變成社會的負擔，才是根本解決之道。

當然人老機能退化是必然，處理長照，將來一定靠 AI 人工智慧技術支援服務了。

210. 全球暖化

就是地球發燒，自工業化革命以來，人類物質生活突飛猛進，生產各式各樣的生活用品的生產，方便了生活。

而生活所需的產品特別是衣服、塑膠製品的原料大都來自石油，而且動力也大多是用石油提煉出來的。因此石油被大量的從地底下被開採出來。

那地球怎麼發燒呢？

因為地底下的熱能跑到地面上了。

石油、天然氣、煤炭是過去能源最主要來源，全部自地下取出到地上使用，於是地面就變熱，地球就發燒。

地底下開的能源我稱之為「地獄來的能源」，跟魔鬼借能源，當然要付出代價！地球是我們的母親，當媽媽的肚子被挖空，地層下陷，地震發生，台灣日本斷層的地震可以理解，歐亞大陸板塊的四川、青海會地震就匪夷所思了。

211. 發電

人體是由地水火風四大組合而成，而電力來源也有四大發電，核能、風力、水力、火力發電，核能發電是最便宜的發電，一旦有事，就是大事。火力發電是用煤炭、石油做燃料來發電，碳排放量多，環境問題大；風力、水力發電效能較差，所以人類一直希望有一個劃時代的電力取得的方式，那就是太陽能發電，利用太陽光能來取得電力是最環保的綠色能源，我稱之為「天堂模式」，因為太陽光可以用很久，因為到目前為止太陽能發電技術還未成熟，是我們地球的人類努力的目標。

電力轉換成為行動裝置的動力，以減輕碳排放，是目前科技發展的趨勢，於是電磁如雨後春筍的開發。

行動電磁用在汽車、手機、機械蔚為風潮，鋰電池等開發提供一個方便、可靠、廉價的電力供給，未來發展的趨勢。

212. 禱告

聖弗朗西斯的禱告：

Pray God give me the courage to change the things I can change, the fortitude to bear the things I cannot change, and the wisdom to know the difference.

願上帝賜給我勇氣去改變我能改變的事情，給我勇氣去承受那些我無法改變的事情，給我智慧去分辨其中的黑白。

事情來了要勇敢面對，面對了才有機會改變，改變要靠智慧，因為智慧有限，所以有時候改變不了。

沒有辦法的辦法也是辦法，要會變通，窮則變、變則通。

不論哪種禱告都是正向能量，讓自己覺得更有力量。

213. 酒色財氣

酒是穿腸毒藥，色是刮骨鋼刀，財是下山猛虎，氣是惹禍根苗。

老和尚跟小和尚告誡：山下女子如猛虎，下山時要特別避開，以免遭殃，小和尚回來說，老虎好棒，讓弟子嘗到沒有過的舒爽奔放快感……老和尚有亂講嗎？

酒色財氣都是因為慾望，慾望太高會蒙蔽理智，傷神傷財又傷身，所以要少思寡慾，有慾望，但不能慾火焚身。

酒：少喝是享受；多喝需忍受；亂喝準難受。

色：小碰是快樂；大碰是麻煩；常碰是負擔。

財：小財是財富；大財是包袱；再大犯迷糊。

氣：小氣是脾氣；大氣是生氣；常氣會斷氣。

一切適可而止，過度都不好，當慾望變少，容易滿足，生活自在。

214. 人情(1)

「人情似紙張張薄，世事如棋局局新」，這是我父親留下來給我的最深刻的一句話。

父母在，兄弟姊妹是親人，父母走了之後，兄弟姐妹是親戚。父母與我們是累世情；兄弟姊妹是一世情，今生見面，來生「再見」（Bye, bye!）。親如兄弟情都如此了，何況是外人情，船過來，水濺起；船過去，水無痕，雲淡風輕，人走茶涼。

有困難，人家願意幫你，要心懷感恩，不願幫你，那是當然。

但是你，對朋友有義、對老闆盡忠，對父母盡孝，看到人家有難，伸出援手，那就是積善，積善的人家，不管世局如何變化，遭遇什麼困境，世事如棋，必能逢凶化吉。

215. 人情(2)

「人情重遠而輕近，重死而輕生。」

外國的月亮比較圓，外來的和尚會念經，身邊的人，天天見面，不會覺得珍貴，家裡老爸在外叱吒風雲，萬人景仰，回到家裡，摳摳腳丫、挖挖鼻屎，家人不會覺得老爸有什麼了不起。

而外來的人有空間、有距離、有點朦朧美，所以覺得比較棒，事實如何呢？當然不一定比較棒啊！日久見真章。

……文人相輕，在生時你看我沒內涵、我看你沒才幹，在任何場合都在鬥，哪一天其中一個人翹辮子了，立馬對死者尊崇，這是人性，不僅文人，職場也是。

梵谷一生作品無數卻只賣出兩張，買者又是他的弟弟，所以窮困潦倒，家徒四壁，死了以後，作品奇貨可居，拍賣屢創紀錄，他本人卻沒能享受到。

即便張大千、畢卡索等人在生時畫作就很值錢，死後價格一樣翻騰。

人情重死而輕生。

216. 專業(1)

麥當勞做漢堡，肯德基賣炸雞，可口可樂賣可樂、海尼根賣啤酒，哈根達斯只賣冰淇淋，Godiva 只賣巧克力卻賣到全世界，成為跨國知名的公司，令人欽佩。

最近有一種叫做「複合式餐飲」，標榜中西合併，什麼都賣，結果什麼都賣不好。

產品多、備料多、不僅成本高，也不能夠樣樣精通，做起來就不夠專業。

如果你要創業，你要開店，切記產品不能多，俗話說：孝順的小孩，一個就夠、一卡車的玻璃珠不如一顆夜明珠。世界知名企業都只做一種產品，你憑什麼能做很多產品？

倒不如精研單一產品，把它做到極致，你成功的機會比較大。

217. 事業(2)

二〇一九年諾貝爾化學獎頒給高齡九十七歲的美國德州大學奧斯汀分校的古德諾教授，被尊稱「鋰電池之父」，得獎實至名歸，令人敬佩。

古德諾深耕鋰電池，以「開發輕便能源，改善人類生活」為己任，把研究當作一生的志趣，可說樂在研究，已達到「好之者不如樂之者」的境界，確實是「事業」典範。

處於二十一世紀，全球面臨的問題不僅是氣候變遷，也須受到能源危機的考驗。諾貝爾得主古德諾精心研究鋰電池的可能，相關研究的科學家繼而發明攜帶輕便、電量能儲存的鋰離子電池，又可以儲存太陽能和風力發電的再生能源，開啟能源消費的永續途徑，確實改變人類的生活方式，為人類創造福祉。

做事業的不一定開公司，開公司的老闆不見得在做事業。只要你立定志向，為他人想，所作所為，就是事業。

218. 換個方式

戰國時代知名縱橫家鬼谷子育才無數，有一天鬼谷子把愛徒孫臏跟龐涓叫過來畢業考，題目是：「用所學到的方法讓老師從屋內走出去。」

龐涓用盡一切方法，還是沒有辦法把老師請出去。

輪到孫臏，跟老師說：「老師，我想了半天想不出方法，如果老師願意到外面去，學生倒可以試試讓老師進來。」

鬼谷子說：好。於是走出屋外……

於是孫臏說：老師，您走出去了。

219. 角度

老師問學生：8的一半是多少？

A生：3。（被處罰）

B生：0。（被罰站）

C生：1。（被罵）

D生：4。（接受讚美）

如果純以傳統數學思路，答案4是正確的，可是有圖像來看，8從上面切開一半是3；從中間切開是0。

答案1是也有很多答案喔。

角度不同，答案多樣，沒有一定的思路，才能創造不同的可能。

1+1=1（一塊泥土加一塊泥土捏一起還是一塊泥土）

2+1=1（二個月加一個月是一季）

3+4=1（三天加四天等於一個禮拜）

5+7=1（五個月加七個月是一年）

6+18=1（六小時加十八小時是一天）

當然在數學定律而言這些答案都不成立，因為單位不同。可是當別人提出來這樣想法，不要白眼，或許沒有被限制的天馬行空才有更多的可能。

220. 擺對地方

小和尚賣石頭的故事相信大家多少有聽過，師父要小和尚參透「擺對地方」的道理，老和尚拿一顆漂亮的石頭遣他下山去賣，但不要真賣出去，於是叫小和尚先把石頭帶到市場去，有人出價最多五個銅板；然後叫小和尚帶去黃金市場賣，有人出價一千；後來去珠寶商那裡讓大家喊價，有人出五萬、有人喊十萬、甚至競價到三十萬，因為師父交代不要賣，所以還是拿回寺廟，小和尚為了解開這個迷，隔天早上就抱著石頭給全國最知名的鑑定師鑑定，鑑定結果，那石頭是千年難得的璞玉，傳到國王那裡，國王希望用三座城池來換！

擺對地方很重要，這裏講石頭，人才何嘗不是？好的人才擺錯地方，發揮不了作用，要有伯樂，才能適才適所，先決條件是你——是不是千里馬！石頭會奇貨可居，因為它本來就是奇石，但在菜市場，什麼奇珍異石都賣不到好價格。

221. 長得帥

最近去看房子，賣房子的經理長得又高又帥，讓我這樣的老人打從心裡喜歡，真的太美了！以男人的眼光看就喜歡了，何況是女生呢？

長得美、長得帥的男人女生在從事不動產、精品等買賣的業務工作比較吃香。但是也因為好看，吸引異性，面對同事的曖昧、客戶的投懷送抱，喜歡的就沉迷於男女情愛，真要守住楚河漢界並不容易，如果已經有伴侶的俊男美女，與之相處的另一半也會緊張，每天壓力好大。

相好端正都是修來的福報，有先天的優勢，卻也容易受干擾，水能載舟也能覆舟。

222. 失之毫釐差之千里

慎始，剛剛開始起心動念就好像一顆種子，種子的良窳，關乎以後的成長，所以起始稍稍歪了念頭，好像角度偏移一點點，久而久之，差異就很大。

俗話說：「細漢偷挽葫，大漢偷牽牛」

小時候的觀念、作法稍稍偏差，日子一久，就偏得離譜。這是講小時候就要有正知正見正行。

年齡不分大小，每一次的起心動念要謹慎，初發心很重要。

223.
丟垃圾

有些朋友很喜歡把心裡的垃圾倒給身邊的朋友，讓朋友添加好多的垃圾。

親愛的朋友們，如果你珍惜朋友，就停止傾倒垃圾給朋友的習慣吧。

因為垃圾「只有轉移；沒有處理」。

你只是把自家垃圾倒到別人家，移轉而已，這種行為不值得鼓勵。

請大家培養一個良好的習慣，那就是「自己先做好垃圾分類」及「資源回收」，如此才能創造一個乾淨的心理社會。

情緒人人有，不要習慣倒給身邊的人，沒有任何一個人有義務接收你的垃圾的……除非他是垃圾處理業者。

記得，垃圾處理業者不會平白無故的收你的垃圾，它是要收費的。

224.
口業

說到「業」會想到事業、作業。

業是指會「結果」的，「事業」是指做事之後會有結果；「作業」是作了之後會有結果的；所以「口業」是講了以後會有結果的。而『結果』有兩種，結「好」

的果跟結「不好」的果。

講話善解人意，給人溫暖，就會結好果；講的話尖酸刻薄，冷漠無情，就會結壞果。可是講話卻是一門學問，因為恰到好處的得體是件不容易的事情，去參加口才訓練班或辯論社也不見得有幫助，因為一個是訓練口才，一個是訓練邏輯及反應，卻不是從心性著眼的自我訓練。

要有好的口業，首先要有一顆善良的心，這是基礎，然而有些人他的心是良善的，可是嘴巴一開口就讓人受不了，就常在人際上面吃虧，常常被誤解，其原因在於太「真」。這並不是不好，如能有進階的為自己的良善進行修正，那表達就會越來越恰如其分。下面四種習慣應該養成：

一　不兩舌：不東家長西家短，人前人後兩套話

二　不惡口：不罵髒話　少說批評的話　不說妒忌的話……

三　不妄語：沒有事實沒有根據的話不要亂說

四　不綺語：不說妖言惑眾的話

養成以上的習慣，就不會有台語歌『金包銀』所描述的：「……別人開口是金言玉語，我若是多講話，馬上就出大事」的苦境了！

所以心地好，但是沒有一張好嘴巴，那也不能算是好人；豆腐心刀子嘴的人，常因為言語吃虧。如果想改善，誠心建議在話講出口之前，先在嘴巴繞三圈，然後依照上面四種習慣進行調整，自然就會說好話，造好口業。

225. 耕耘三畝田

人來到人世間圖的是甚麼呢？俗話說：「人為財死、鳥為食亡。」是這樣子的嗎？

人生的境界倘若只為財，那為免太貧乏了！因為那是身外之物啊！鳥為食亡，至少牠是為自己的生存而賭上性命。而人若是為了身外之物賭上性命，比起動物還笨呢！

錢財雖然生不帶來、死不帶去，可是存在於人世間，錢是可以供自己吃穿享樂，行有餘力，還可以助人。所以錢很重要，它是媒介，但不是主體。正如佛家所言那是方便法門，不是究竟。

而甚麼才是究竟呢？

我覺得人生要耕田，就像農夫，誠懇實在的去做就對了！那我們要耕甚麼田？才是究竟？

首先是耕耘「丹田」。丹田在肚臍下三指之處，它是生命力生發之處，要養身者要耕耘丹田，丹田強化了，外邪比較不會入侵，這是養身。

次而養「心田」。如何養心？善養清淨心，心靜了、雜念少，愛恨情愁、名利權情的干擾少了，人自然誠心，心誠了、心正了，妖魔鬼怪不會近身。

「丹田」、「心田」耕耘得好，就可以獨善其身了。注意！一個人要能獨善其身就是上等人了，因為我們不會造成他人的困擾、社會的累贅。

行有餘力，就可以兼善天下，幫助周邊需要幫助的人，這時候就是種「福田」了。幫人要有幫人的能力，力不足而幫人，人未幫成自己也崩掉了。所以欲種福田得要先守「丹田」、修「心田」；種「福田」是進階。

當三田都顧到，耕耘得不錯了，我們的人生也自在了，身、心、靈都自在了，這種自在，豈是有錢而不耕耘三畝田的人可以比擬的呢？

有錢而不種福田的人，富不澤及後代；富有又種福田者，恩澤百世。

226. 守時

我們去買車票、坐飛機、聽演奏會，都會守時，因為不依照時間提前到達，是會錯過班機的，演奏會一開始就會管制進入，那就進不去、聽不到了。所以，這種情形不準時是不行的。大家都知道要準時到，因為不準時肯定會付出代價。

可是我們去參加一些聚會、尤其是婚禮，明明說是六點半入席，卻變成七點半、甚至更晚才開桌，早去的人好像是被懲罰。所以，大家心知肚明，「遲到」變成一個常態，準時的變成一種處罰。這種現象有點反常，但結婚是一輩子的事，很難得，對新人的祝福蓋過遲到這件事，如果婚禮之後朋友相約，若還常遲到，對於人際關係肯定會有大大的損害。

大家心裡有一把尺，如果這位朋友習慣性不守時，你會喜歡他嗎？會跟他交心嗎？在公司上班也是如此，公司不會把重要的事交給常遲到、或常遲交報告的人，這是一定的。所以「不守時」就失去很多好機會！

十多年前，我認識一位日本上市公司的常務董事，年紀大我二十歲，我們是合作夥伴，他最讓我尊敬的是：不管吃飯或是開會，他都會提早十五分鐘抵達，不只準時、甚至還提早，這種習慣會得到對手的尊敬。

有些人用「晚到」來表示高人一等，這是氣勢營造的一種策略。可是壓著對手打，根本不是長久之計，「以力服人」可以打敗對手，那是一時的、凌人的氣勢，哪天可是會反撲的。「以德服人」才能贏得對手的尊敬，才會長久。

出了社會、開了公司也是一樣，「準時交貨」是一種良好的習慣。因為，一個供應鏈，每一個環節都要精準，每一項產品都是關鍵，若在某一個環節延遲了，就會被影響。日本人極注重「不要讓人添麻煩」的概念，我覺得是個很好的習慣。守時的人會讓人產生信任，當然好事就容易旺旺來囉！

227. 再論陰陽

易有太極，是生兩儀，兩儀者陰陽也。又說：一陰一陽之謂道。我們可以說世界上一切都是一陰一陽的。我們說過，「道」這個字拆解，一個陰一個陽結合為一，而能自然的運行，便是道。

夫妻基本上是一男一女的結合，也就是一陰一陽，他們每天自然過生活就是道，有趣吧！白天與黑夜也是一陰一陽的概念，日復一日、年復一年，也沒有改變過，陰陽調和就能風調雨順。

不僅男女分陰陽，自己身體也能分陰陽喔！手心為陰，手背為陽，正面為陰，背面為陽。（裸背不怕人看是陽，而正面裸露、羞於見人是陰）中醫經絡任督二脈，督脈是走背後的屬於陽，任脈是走正面的屬於陰，督脈主氣的循環，任脈主血的循環。所以，男人注重督脈，女人注重任脈，尤其子宮卵巢生殖系統及乳房病變多發於女性，而這些器官都在任脈上。女人每月來月經，血的循環至為重要。

人行走時，擺手抬腳也是一陰一陽，左陽而右陰，手一擺腳一抬則陰陽現。我們看，走路時雙手同時擺在前又同時向後擺有多彆扭，而雙腳同時擺走走看，是不是「道」理呢？

228. 鳴鶴在陰

「鳴鶴在陰，其子和之；我有好爵，吾與爾靡之。」（易經中孚卦九二爻）

中孚卦在易經六十四卦序排六十一，接近尾聲。這裡的意思是，有一隻鶴輕聲細柔得叫著，牠的小孩也跟著唱合；有人舉起酒杯盛酒，找好朋友來共享。

做人講話儘量輕聲細語，有好東西要跟好朋友有分享，不是說話大聲人家才會認同，重要的事得輕輕說；另外，交朋友重分享，不樂於分享的人也交不到啥朋友。對吧？

「中孚」兩個字，是爪子下面有孩子在裡面，有沒有像孵蛋？孵蛋是不是要很有愛心？有愛之前要先能相信，相信了之後產生希望、進而熱愛，這個跟基督教的「信、望、愛」是不是同一件事？寫信，寫的是信，為何寫的是信？因為沒有信作基礎，不管事情或愛情都談不下去的。

所以，子曰：「君子居其室，出其言善，則千里之外應之，況其邇者乎！居其室，出其言不善，則千里之外違之，況其邇者乎！言出乎身，加乎民。行發乎邇，見乎遠。言行，君子之樞機。樞機之發，榮辱之主也。言行，君子之所以動天地也，可不慎乎？」

面對一切事物，你要交朋友、幹事業、談感情，講出去的話、做的事，良善的出發點最重要。好事傳千里，惡事天下知！一言一行大家都在看，不可不慎，尤其是現代社會媒體發達、網路盛行，能不謹慎嗎？

229. 感恩的人有福

老天爺不欠我們，當我們端上一碗飯，可知道要感謝天？感謝地？感謝一切人及萬物？想想自己又貢獻了甚麼？

懂得感恩，自然惜福，感恩的人不會浪費。

懂的感恩，自然謙卑，謙卑的人不做壞事。

懂得感恩，自然和善，和善的人人緣特好。

人緣好做起事情有貴人幫忙，自然容易有成就。

學會感恩對自閉症、躁鬱証、憂鬱症人的治療也有正面效果。

230. 迴音

信徒問師父：師父啊！請你幫幫我，我好煩惱啊！

師父：啥事煩惱啊？

信徒：我那兒子真不孝，我說的話都不聽。

師父：不聽是對的啊！

信徒：師父怎麼說呢？

師父：他都聽你的，以後成就一定不如你，因為你自己不一定都是對的呀？
信徒：那他至少要孝順一點！他都不孝順我。
師父：不孝順，也是應該的啊！
信徒：師父?!
師父：那你有多孝順？
一切事情貴在能反恭自省，人們抱怨他人的時候，其實是講給自己聽的，只是自己不知道而已，當食指指著別人時其它四個指頭是向著自己的。

231. 寫信

為何是寫「信」？而不是寫其他？因為人無信不立，要人相信，那封「信」才能看下去，看了才能溝通，如果沒有「信」，所寫的信，是沒有人相信的！現代人用手寫信少多了，當然電子信也是信。

「信」字拆開來是「人言」，也就是人講的話，講人話，對方才能聽得懂，守諾言，對方才能信你。

232. 口碑

我們去某某餐廳吃到好的東西，下一次一定會想再來吃，而且會想讓家人朋友知道；一傳十、十傳百，於是這間餐廳就會常常高朋滿座。這就是口碑！利用口碑行銷推廣生意是最實在的。因為它不用花錢、不用廣告，因為客戶就是我們的「放送喇叭」，所以業者只要專注在其產品的研發、客戶的服務就可以了。

有些人用欺騙的行徑來做生意，騙過了一時，卻不能夠持久。騙人的生意是造業，對社會沒有幫助；縱使賺到錢，一樣也不能持久。因為，騙人的生意好像在跟魔鬼談條件，利息太高，划不來，誠懇實在做生意才是正道。

233. 品牌之道

先要有「品」後才有「品牌」！品牌是集合「品質」、「品德」、「品味」三者之大成。

品牌先要有產品，產品要有生產的堅持以及對產品的宣言。「品質」好的產品，是建構好品牌的基本要件，所以好的品質是好品牌的基礎。

「品德」也是品牌的重點，一切的事業經營若沒有好的品德，就等於沒有良善的出發點；出發點存心不良，品德就不好；沒有好的品德，絕對是不可能生出好的品牌的。

易經坤卦言：「君子以厚德載物。」講的是積善的觀念，這應該是品德的最佳註解。

而「品味」是決定品牌的差異化最大的元素了。品味不同，品牌的「境界」也不一樣。品味來自於個人的修煉，以及些許的天賦。吳寶春做的麵包、吳季剛設計的衣服，就是天賦加上努力的成果。一個事業要能創造品牌，「品質」、「品德」、「品味」缺一不可。

234. 三守有方

做人做事貴在有守有為，先要有守而後才能有所做為，守是基本工夫，所謂「三守」是你要先能遵守的三種習慣：「守時」、「守分」、「守信」。跟人家約定常遲到嗎？越權說不該說的話、做不該做的事嗎？講出去的話常食言嗎？三守若不守，何來作為？評估一個人行不行從三守看就知道，生意上對於廠商的評估也是一樣，因為公司是法人，法人也是人。

235.
莫生氣

萬物唯心造，火氣大，是心火旺。以中醫五行論，心火旺會把腎水燒乾，把脾土燒焦，把肺金熔化，把肝木燒光。火大傷五臟，不可不慎。

佛家有言：「火燒功德林」就是說：不管你練了多少功、積了多少德，一把怒火全燒光光，划不來。

怒為心之奴，你的心已經沒有辦法主宰，只能當奴隸，既然當了奴隸，還能有啥搞頭？

尤其是生別人的氣，明明是別人的過錯，自己半點問題也沒有，這樣子的氣，不是拿別人的過錯來懲罰自己嗎？

236.
何謂愛

愛是心＋受＝包容。愛的真諦是真心的接受，世間男女交往或者愛得死去活來，後來對方不喜歡妳了、或者單戀，對方卻喜歡上別人，那就要對方「付出代價」，這樣不是愛啊，是自私！

237. 仁者無敵

儒家思想中心，就是一個「仁」。

「仁」乃是雙人也。花生仁也是仁喔！一邊一半，合起來恰恰好。有沒有像陰陽調和啊？人與人之間也是一樣，最高境界就是配合的恰恰好。那又如何能配合得恰恰好呢？就是立身處世，與人為善，也就是所謂「仁者無敵」，任何事情，都會站在對方的立場去想，自然就沒有敵人啦！

238. 命運可以改變嗎？

命運不能改變，除非我們改變自己。

很多人一直想不通、也解決不了疑惑。命運是甚麼？有沒有命運？如果有，我們有沒有辦法改變命運的安排呢？

當我們來到這個世界開始　我們會發現很多事情都不是我們能夠決定的，我們的父母、兄弟姐妹、親戚，我們的出身是貧、富、貴、賤？為何在台灣而不在中國或是美國出生？有哪一個可以自己決定呢？有些事，其實就是天註定。人家說性格決定命運，你相信嗎？那個原本的我，是造就現在的我嗎？是決定未來的我嗎？

性格，是怎麼來的？當然是累積來的。

從哪開始？問天，天知道！不然我們看一些經典也可以知道。

如果命運沒辦法改變，那我們活在這世界不就等同是被操縱的玩偶？有啥意思？

是的，有些人一輩子逃脫不了命運的安排，就像出生時的安排一樣，一輩子受命運的操弄。

為甚麼呢？因為不肯改變。

肯改變的人，可以改變命運，但是會有兩種結果，一種變更差、一種變更好。你希望命運變得更好嗎？很簡單，你只要做兩件事：

一 一直存好心，說好話，做好事。

二 一直學習，學習改變氣質、想法。

想法引導做法，做法改變命運。

如果不心存善念，學的是惡習，那條命運的軌道就會往下掉。

哪一天突然發覺自己好像鬼，那是自己變鬼的。我們自己擁有改變命運的能力！

要改運嗎？找大師有效嗎？嗯～可能有，也可能沒有。重要的是自己，求人不如求己，自己的福田要靠自己耕種才行。

239. 家人

易經有一卦叫做「家人卦」——風火家人。

上風下火，火是基礎，也就是家首先要開伙，沒有火就沒有傳承；火也代表著溫度、溫暖，沒有溫暖的家，就不會有愛。所以，再忙也要抽出時間開個伙，家人相聚吃吃飯；即便沒吃飯，燒個開水喝杯暖暖的茶、聊聊天也行。否則，家裡每個人各過各的，沒有交集，那還是個家嗎？而風在上頭吹，雖然看不見，它卻是無所不在、無孔不入的，這個不就是家風嗎？

所以，「家」就是一個有溫暖、文化傳遞，且充滿愛的地方！

如果把這個溫暖推展到公司，公司也會有熱度。

240. 溫暖

您的孩子在外面受到挫折的時候，是想要回家還是想要離家？其實，看您是要「弄清楚—是、非、黑、白？」還是「給他溫暖？」

「家」不是講是非的地方，家是講愛的地方，家庭的和諧是在外工作的支持力量。

每一個母親的工作多如牛毛，不一定能夠做到一百分，但是能給家人「溫暖」的母親，至少是九十分的母親。

241. 商道

商道是經商之道，而啥才是經商之道呢？

一陰一陽之謂道，「道」上面一左一右兩畫就代表一陰一陽，我們把它寫快一點連在一起是不是很熟悉……，那就是我們看到的太極圖；接著合而為一後，就自然的運行（辶字旁）

任何陰陽不調和的狀況下，就沒有辦法自然的運轉，所以就不是「道」，甚至「無道」。

「商」字由「立」＋「冏」組成。

人無信不立，信義為立業之本，所以經商商量得先要有信，沒有信，商沒有頭還能成商嗎？

「商」字的下面一個開口，是要網開一面，也就是說經商要開門，同時要也給對手一條路，不能趕盡殺絕的。任何一個商業機制若是沒有對手，終將滅亡。依此調和陰陽，乃能稱為『商道』。而日本人說競爭叫做「競合」是不是比較有陰陽之道呢？

242. 中道管理

易曰：「黃裳，元吉」。（坤卦六五）

黃色是色彩學的中色，不偏不倚，意指中道。衣裳，上稱衣，下稱裳，意謂向下治理，元是大，也有開創的意思，大吉。「黃裳元吉」指的就是用中道管理，就能大吉。所以管理的最高境界不是九五之尊「飛龍在天」的強勢管理，而是黃裳元吉的中道管理。

易曰：「君子黃中通理，正位居體，美在其中，而暢於四肢，發於事業，美之至也。」

也就是說君子要守中道，明事理、居正位，內在就美了。然後能依此暢通行事，發展事業，那就太美了。

243.
錯

多做多錯；少做少錯；不做不錯。到底要做不做？

易曰：「天行健，君子以自強不息。」（乾卦卦辭）

「不做」是短暫的停看聽，謀定而後動，不是不動，不動就吃飽等死，比動物還要低賤，動物吃飽還會等下一餐。

如果要成功，一定要行動去做，邊做邊改進，不怕做錯，最怕不做。

244.
一口氣

只要還有一口氣，就永遠不放棄。

只要你仍然呼吸，就有成功的機會，所以永遠不要放棄！

人生中有許多事會使我們灰心、失望、退卻，親愛的朋友們，請你不要放棄。

聖經說：「惟有忍耐到底的，必然得救。」馬太福音 24:13

245.
頂戴

有沒有發現日本人飯前端坐胸前合掌說：「いただきます。」過去常翻譯：「開動了」。

其實真正的意思是：「領受了」（頂戴）——領受了動植物的生命得以進食，因為它們的生命，讓我們的生命得以延續；領受了做菜人的辛苦；領受了農民畜養耕作的付出；領受了大地、神祇的恩典，若飯前不懂得感謝，對天地人鬼神是很不敬的。

每個人都要珍惜面前的食物，不能浪費。因為它並不是憑空得來。

遺憾的是據聯合國報告顯示，每一年的食物有三分之一以上被浪費，同時世界上也有很多地方的人在飢餓中，能夠吃飽喝足並不是天經地義的事，大家要珍惜。

用一顆感恩的心，走一輩子的路。

註：也感恩提供鍋碗瓢盆各種器具及水電燃料、油鹽醬醋茶等配角的人。

246. 善調味

生活中酸甜苦辣鹹，人人都有，個人的味道個人調，自己的味道自己嚐。所以你的責任是把它調成自己喜歡的味道，別人喜不喜歡你的味道，那是他的事，與你無關。

但是你的味道不能夠干擾別人，要能吸引別人才是一個真正有味道的人。

247. 健康管理

欲管理人者應先自律，管好自己之後才有資格管理別人，健康管理是管理自己的第一步，而飲食又是健康管理最重點，飲食無度，放縱自己，身體肥滿，精神渙散。

百丈叢林清規：「疾病以減食為湯藥」。你們沒有減食啊，好吃就拼命吃，吃得多多的。啊，那一大碗、一大碗地裝下去，都給身上的那些寄生蟲吃了。飲食要知量，是健康管理的第一步啊。

248. 錢水

金錢如流水，流來流去，何時能流到你家呢？

你在大都市，眼睛睜開，高樓大廈林立，那都是誰的啊？都是人的啊！但……為什麼都是別人家的呢？我們家呢？

有些人說是福報，有些人說是努力，到底哪一個？

「天道酬勤」，努力的人一定比較有機會賺錢，而應對進退得宜的人有人緣，大家都願意幫忙他，是真有福報的人，當然容易賺錢，努力的人也容易遇見貴人，所以，努力與福報都可以累積財富的。

249. 入行

俗話說：「男怕入錯行；女怕嫁錯郎。」選擇行業攸關你一輩子。選擇「夕陽產業」要能狠撈一筆；選擇「暗黑產業」一輩子跟黑暗為伍，馬無野草不肥；人無橫財不富，錢賺得快；拿到錢的時候要摸著良心；注意錢賺得到也要能吃得到、用得到。

最好能選擇「旭陽產業」，有將來性。

當然個性也很重要，你要知己，才能找到知己。

250. 長照問題

因為高齡化的社會，使得現今世上個高齡國家的長照面臨嚴重的考驗，主要原因一在人、二在錢。

人力不足的問題要用AI人工智慧來解決遠距醫療、請高齡者義務照顧高齡者。錢的問題，是如何整合資源做最有效運用，不要拖垮財政。

更重要的是「預防重於治療」——讓國人有正確的保健認知與習慣，讓即將變老的人能夠管理好自己的身、心、靈，注意自己的身、口、意，不要造成自己沒有品質、沒有尊嚴的餘生及社會的沉重負擔。

道德經：「老而不死謂之賊。」——偷社會的資源，不可不慎。

251. 定位

定、靜、安、慮、得。

面對一切事情都要先「定下來」，滾滾黃河水是混濁的，除非定，然後靜置，否則它依然混濁。

一般說「安靜」、「安定」是以能「安」是中心。安能定、安能靜；也因為安定「思慮」周全才能有「所得」。

如何安呢？

從「定」開始，要「一定」，言心不亂也。

252. 天意

非、理、法、權、天。

有是非，講道理的人贏；雖然有道理，遇到法律問題，法律贏；有法爭不過有權之人。

你說：難道沒有天理了嗎？

有的，有權的人，抵擋不了天意。

曾國藩拿下湘軍，弟弟曾國荃跟哥哥說：我們這一路打來辛苦，朝廷積弊所致，何不趁現在，取而代之？

曾國藩手指向上說：「上面有人」，弟弟不解：上面是皇上，取而代之，有何不可？

曾國藩：非也，上面是天。

再有權力的人也躲不過天意。所以不用爭，舉頭三尺有神明，很多事，老天會有安排，應當順勢而為。

253. 成功的秘訣

我只是跟一千兩百人講我的項目，九百個人說NO，三百個人支持，其中八十五個人願意合作，其中三十五人全力以赴，而其中十一個陪我取得了成功！——比爾蓋茲

所以比爾蓋茲分享的成功秘訣是：

一　找對標的

二　全力以赴

三　堅持下去

能做到這三點不容易，所以比爾蓋茲說「成功沒有秘訣」，重點是做得到做不到。

254. 民不與官鬥

再怎麼大的公司都是在國家的法令下發展，法令不週全，可以反映，用柔性力量叫改革，用硬幹對撞叫革命，革命要流血，而且是以卵擊石，因為實力不對等。環境不好，可以離開，在公司上班也是一樣。

255. 腦力、體力

現代人懶得出門用餐，因此送餐服務的生意大好，讓許多人紛紛投入這個行業。最近連續發生幾起外送服務人員在送餐途中發生意外，本來承攬契約非僱傭關係暴露了外送員的人身安全及工作保障問題。

基本上外送論件計酬，積極努力的人會賺得到錢，可是怎麼賺都是辛苦勞力錢，一枝草一點露，規規矩矩的做，生活不會有問題，但是要致富不容易。除非用力之外「用心用腦」找機會。

職業無貴賤，行行出狀元，外送也能出頭天。

256. 欣賞接納

人如花草樹木，各有各的美，各有各的姿態，小花不必羨慕大樹，大樹不必鄙視小草，當颱風來臨，大樹先倒。

找到自己，各自燦爛，不論甚麼樣的人都能讓自己的生命精彩。

257. 愛自己

離開自己都是外人。

佛家有言：生、老、病、死、愛別離、怨憎會、求不得、五蘊炙熱等等，受苦的是自己，沒有人為你分攤。

當然內在的事都是自己的事，修養心性、修正行為是自己的事，與他人無關，你的喜怒哀樂愛惡欲，任何一種都不是誰造成的，不能怪誰，自己的事自己搞定。什麼事情都怪東怪西，怪親人、怪朋友、怪國家、怪社會，或是理所當然的依賴身邊的人，那是情緒勒索，不能長進。

258. 保健身體

人生八十年就像一年四季，春夏秋冬，二十歲前像人生的春天，二十歲到四十歲似人生的夏天，四十歲到六十歲似人生的秋天，六十歲以後像人生的冬天。

秋天是收穫的季節，經過春耕、夏耘，在秋收時節是美好的，可也是最要注意的季節，因為秋天是收割的季節，卻也是被收割的季節，很多人在人生四十到六十時，有三個關卡，一個是身體；一個是事業；一個是家庭。

尤其是身體狀況好發在人生的秋天，不可不慎，因為身體是一，事業及家庭是堆疊後面數個零，沒有一，後面都是零。

259. 念書一定出頭天嗎？

小時候在鄉下，家貧，父母親深深體會讀書重要，希望讓小孩受教育，以後能夠做「拿筆」的工作。

的確，受了教育之後，想法、看法（見解）開竅了，自然有作法，長大了以後出社會就會比較多發展的機會。

但念書一定出頭天嗎？

當然不是，要看念的是什麼書；有沒有消化吸收，這些知識是不是可以發揮作用……全部具足再看你自己的人格特質，有沒有出頭天的條件。

其實「用心」比「念書」更能出頭天，用心是「生命迴路」，學到的是自己的內化；念書是「識性迴路」，學到的是意識形態。

我有一個好朋友，他沒學歷，他用心，得到好幾次西服世界冠軍。

260.

三識

評斷一個人是不是一（一讀第二聲）號人物，從他的「三識」即可瞭然，一為「見識」、二為「膽識」、三為「器識」。

見識：是見解、見地，有見識的人有知見、有知識、好溝通，能與人共事。

膽識：遇事臨危不亂，冷靜沉著，該怎麼辦就怎麼辦，有膽識的人敢冒險犯難，不懦弱膽怯、畏畏縮縮。

器識：氣度胸襟，不拘小節，不計人過，雍然自若，有「三識」的人不會跟你一般見識。

261.

輕重緩急

世上沒有一件事是完美的，就像白天的太陽，很少萬里無雲……有時候白雲飄過來，風和日麗，有時候烏雲籠罩，颳風下雨，所以為人處事很少有「完美」的狀態，因為不完美，才能考驗我們的智慧去面對，做妥善處理。

處理的原則就是：

「兩全相害取其輕；兩全相利取其重。」趨吉避凶。

另外事情也有緩有急，事情急的時候，應該沉著冷靜，所謂：「緊事寬辦；忙裡出錯。」如果慌了，容易亂了分寸，自然就容易出錯。緩事隨順因緣辦，沒有人搶你的工作，慢工出細活。

262. 市佔率

近來外送服務的公司如雨後春筍般成立，外送平台崛起，路上處處可見到外送員的身影。民眾只要在 APP 點餐，熱騰騰的食物就送到家門口，送一單外送員可得七十元，可是消費者叫八十元也送，那平台豈不虧錢?!

是的，平台抽成百分之三十，叫八十元外送，平台得二十四元，但要付外送員七十元，當然虧錢。

虧錢生意怎麼做？

忍痛做！因為要搶「市佔率」因此燒錢也要做，先佔市場再提高品牌獲利率，如果成功，未來商機大，回本也很快。

如果不成功，投資人血本無歸，不要做最後一隻老鼠。

263. 信念

人生旅途中，工作事業上，滾滾紅塵中打滾並非一路順遂，有高潮也有低潮、有白天也有黑夜，遇到各種情境不知所措的時候，有人生導師願意傾聽你、建議你、溫暖你，那是你的福氣，如果沒有，你可以尋找心靈的歸宿，那就是信念。信念會覺得有得依靠，因而產生力量，這個力量能夠支持你在任何的困難中繼續往前行，信念力量不可思議。

264. 拜拜

拜拜是一種敬天謝地的儀式，各種教派拜拜方法不一樣，但是「誠敬的心」應該都一樣的。

人若誠敬，天地人鬼神都能和諧，拜拜不失為一種教化人心與天地和諧的方便善巧。

265. 拜懺

四肢與頭頂地稱為「五體投地」，我們說佩服到五體投地，就是說佩服到無以復加。

當我們恭敬對師長、對客戶的感謝，一般以鞠躬行禮，或者三十度，或者六十度、或者九十度，越恭敬頭越低。對自己所作所為的徹底反省及懺悔，就用「拜懺」的方式，因為把自己放在最低的位置，表示自己的謙卑。

當你拜懺以後，你會發現做起事情比較順遂，障礙變少，而且身體變好，因為拜懺也是運動——全身運動。

拜懺，解放了心靈也解放了身體。

266. 公德心

公德，大庭廣眾下大家都看得見的德行叫公德，那個心稱為公德心。

已故作家三毛有一次在台北大湖公園慢跑，見到有一個駕駛將車上的垃圾一股腦兒的往外丟，她立馬把垃圾撿起來，追到那部車，駕駛搖下窗時，三毛把剛剛的垃圾丟回去！

顯然那位駕駛沒有公德心。

舉凡亂吐痰、亂丟垃圾、隨地大小便、佔用公共空間都是沒有公德心。有沒有公德心就能看見當地人民的素質。尤其去上公共廁所，更加能夠確定。

我有一個朋友每一次委託廠商生產前評估廠商都會先去上廁所，如果廁所骯髒，代表員工素質不好，管理也不落實，不能合作。

267.
私德

大家都看得到的行為是「公德」，隱而不顯的心是屬於「私德」，私德一般人見不到但是它存在，可能長久相處才會知道某某人的私德，不然就要見微知著，有些人貪小利、有些人愛生氣、有些人癡心妄想、有人好色、有人好賭、或者一些特殊癖好，不一而足。

私德如果沒有妨礙公眾，則跟我們無關，會受影響的可能是身邊的人，而最大影響是自己，自己造業自己承擔，種瓜得瓜種豆得豆，善有善報　惡有惡報，不是不報，時候未到。

268.
欣賞

你要升官嗎？你要發財嗎？那你要很會欣賞老闆，老闆就「薪賞你」。你也要欣賞下屬，下屬就會「辛賞你」任勞任怨，用辛苦工作回報你。

269. 讚美

心裡所想的，從嘴巴送出來。
嘴巴送出來什麼？
心中有愛，見到美好，歡喜讚美；心中無愛，見到美好，鄙視批判。
就像回力球，讚美的人，彈回來的是喜悅；鄙視的人，彈回來的是批判。
「舌燦蓮花」生命品質才能提高。
「口出惡言」生命品質向下墮落。

270. 革人革面不革心

俗話說：「知人知面不知心」。
改革也是一樣，革面容易革心難。
易經革卦上六：「君子豹變，小人革面，征凶，居貞吉。」
意思是說改革到最後，君子像豹一樣換個毛皮，小民也只是表面功夫而已。可見改革之難，大家都有習性、慣性，對於新的制度，需要時間適應，推動改革不能急躁，力道太猛，革面不能，何況革心？

「革新」，革的是「心」；

「革命」，革的是「命」。

改革不容易，積重難返，慎始為要。

271. 工安

工廠、工地、工程的安全都叫「工安」。

最近工廠爆炸、橋樑斷裂事件頻繁，造成社會恐慌、人民生命財產嚴重損失。

意外是意料之外，料想不到的事，如何防範於未然呢？

避免公安問題，要從設計到施工，到日常維護及正確操作，每一個環節都要謹慎處理，否則都可能造成重大危害。

所以面對公安問題，每一位關係人都要有「民胞物與」的心態，「對事以敬」，要自己對得起自己的良心，自己「心安」後才能讓人「安心」。

272. 莫為小事抓狂

等公車，車剛開走，上班就要遲到了，下一班又遲遲不來！等電梯，不是剛上去就是人多擠不進去……遇到這些鳥事，你會不會抓狂？

如果連續十次都這樣，恭喜你，你「走運」了，去買張彩券。

如果十次升官都沒你的份，那你「運走」了，勸你檢討自己。

其實生活中瑣事都是常態分配，有時候等車，車就來，等電梯，電梯就來，但不可能天天，也有運氣差的時候。

所以把它認為常態，你心就靜了，心靜了自然心就安了。

273. 錢在做人

俗話說：「富貴如龍，遊遍五湖四海；貧賤如鼠，驚散九族六親。」

當你有錢，大家找你，即便不借錢，也可以沾沾光；當你走衰的時候，大家閃你，深怕你來，準沒好事。

用金錢來交往是世俗交際，沒有真情，看錢交往的，必然因錢離去，因為世間大半的人都是這種，所以當你沒錢的時候，請勿怨嘆，你能看清楚人性。

錢在做人排行第一；權在做人排行第二，有權就有分配權，大家巴著你。

你要明白，當你沒有錢、沒有權了以後，還會有人願意挺你不？那得要看你的人品。

274. 殺時間

相對於外送服務員爭取的時間，連上廁所都要來匆匆去匆匆，早九晚五的上班族群相對的輕鬆許多，許多人上班太閒，時間很多，不知道做什麼，真的度日如年，沒有辦法，公司規定要上足八個小時，可是又沒事做，好無聊，又走不開，好像在做牢，「在公司做牢」。

所以下班時間一到，好像猛虎出柙，準時打卡，立馬離開。

這樣的日子，時間都被虛耗掉了，久而久之，就養成懶散的習慣，實在可惜。

要不沒事找事做，要不跟公司反映縮短工作時間或者彈性工作，薪水待遇另議，否則公司請人閒坐又能領工資會羨煞外送員的。

275. 專才

如果你有十八般武藝，勸你收起來，專攻一樣就好，把它玩到精通，在社會混才吃香。

276. 法人也是人

俗話說：「花無百日紅，人無千日好。」

法人也是人，沒有天天花開富貴的，有時候風雨飄搖也是正常。

花兒謝了明年還是照樣的開，那公司倒了呢？

易曰：「二人同心，其利斷金。」

公司有狀況，大家能同心，一起克服困難，不要讓老大一肩挑，一把筷子折不斷，每一個人分一雙，要不把那雙筷子折斷，要不拿回去吃自己。

277. 老大要修行

有一個得道高僧告訴我：家裡有一個修行人，不會出大事，即便有大事，大事化小，小事化無。

公司是「大家」庭，大家長是領頭羊，帶動公司的風氣，如果風氣不好，小事變大事；大事變處理不了的事。
因此做老大的不可以不修行。
因為君子德風；小人德草，風吹草掩。
老大要帶動風氣修行——隨時修正自己的行為。

278. 併購

併購像結婚，有的是搶婚，女方被搶，沒有自主權，只能任由男方擺佈。
正常的購併像正常的婚姻，男有情女有愛，購併者像男方；被併者像女方。
女方要妝點美美的，顏值高，價格好。男方要有英雄氣概，展現出有擔當，可以讓女人依賴一輩子的氣勢。
陰陽要調和，購者要陽剛、併者要陰柔。

279. 同儕

前世的五百次回眸換得今生的一次擦肩而過——席慕容

那做同事要幾百千萬次的回眸呢？同事的緣分很深，關係很微妙，內部競爭，卻一致對外；創造業績又爭奪成果，這樣的關係用「競合」二字最為貼切，既競爭又合作，既是朋友又是對手，但是在心態上要把同事當作夥伴，相處融洽，一起成就，然後槍口對外，很多公司同事很團結，可惜槍口一致對老闆，這樣的公司很危險。

280. 算命

一般人多少會去算命，算命到底準不準呢？算過去很準，因為凡走過必留下痕跡，是你的個性在影響命運。那未來呢？未來不一定，要看你那習性改不改變，習性不改，算命還是很準。改變習氣，行善積德，運會轉，命會改。

281. 疑神疑鬼

身體太虛弱的人、常常言不由衷的人、慾望太大的人、精神不濟的人容易疑神疑鬼，甚至半夜被鬼壓床！

俗話說：邪不勝正，行得正、做得正、平日不做虧心事自然沒啥事。

還有注重身體保健、常鍛鍊、多曬太陽、多為民服務，自然不會疑神疑鬼。

為什麼你家裡有老鼠蟑螂，那是因為你創造它們喜歡的環境，沒有那種環境，蟑螂老鼠自然遠離。

本來就沒有鬼，不用疑神疑鬼。

282. 換工作

換工作的原因很多，大致有幾種：

一　換跑道：有些人在公司一段時間後發現根本不喜歡現在的工作，或對薪資、待遇不滿意，所以毅然決然的離職，去尋找自己的機會。

二　生涯規劃：台灣頭份有一家客家食堂價格合理又道地，常常客朋滿座，生意好得不得了，聽說老闆原來是鐵路局員工，因為自己喜歡做菜，所以乾脆離職專心做菜，結果做出自己的事業。

三　不適應：人際關係不能和諧、公司規定不能適應、工作內容不能勝任、嫌工時太長、嫌工作太累、嫌環境太壞……等等負面的影響。

聚散離合終有時，隨緣自在最了得，但是如果你一年換二十四個老闆，那是你的問題，自己要明白。

283. 破產

公司是法人，法人也是人，人有生老病死，公司也是，只不過公司短命的比人短；長青的比人長壽，歐洲、日本有好多超過三百年的長青企業，至今屹立不搖。

最近一家客戶破產倒閉，曾經二千多億的資本額，一度減資，最後股票淪為壁紙，上萬員工失去工作、銀行壞帳、廠商收不到貨款，沒有贏家，不算善終。

如果公司因為某些內外在因素，必須收起來的時候，員工、銀行團、廠商、客戶都要明白交待，妥善處理，才算善終。

不管什麼企業終將結束，有生就有死，死要善終好好道別；不要橫死萬人陪葬。

284. 工會

工會，為保障非經營管理階層的職工，所成立的一個公司內部組織，其旨在保障勞工權益。

當勞資雙方有疑義的時候，工會代表得以代表勞方跟資方談判，取得一個大家能夠接受的方案。

當然這也是一個陰陽和合，如果一直在平衡狀態，你有我，我有你，勞資關係和諧，公司運作順暢。

如果雙方都過剛，誰也不讓誰，那不僅耗費公司資源，更有甚者損及消費者權益，都輸。

所以平常勞資雙方都能和諧，才不會搞到不可收拾，很難看。

285. 公司旅遊

公司旅遊是一個大家互動的另一個方式，大家日日夜夜行影不離的在一起會更加深互相的了解，

有些公司甚至讓員工家屬一起參與，那是一個家與家的互動，相信更會凝聚向心力，一方面認識家人、一方面讓家人認識公司。

企業組織越大，公司旅遊越不容易成行，只能以部門為單位來辦，而且地點也不

容易取得共識，有人喜歡東、有人喜歡西。時間也很難喬，尤其是國外旅行，要兼顧公司業務、要考慮個人因素，搞到福利委員會快抓狂！

所以有些公司乾脆給旅遊補助金，每一個人自己想去哪自己決定。

其實可以多多利用週末時候踏踏青、爬爬山，清早出發，中午結束，既健康又簡單。

286. 尾牙

尾牙是一年一度僱主感謝員工的辛勞，設宴款待，員工也蠻期待的，因為一般尾牙會安排在高檔餐廳讓大家大快朵頤，而且有摸彩活動及餘興節目，有規模的公司甚至請藝人主持節目，好熱鬧。

以前最怕白斬雞那一道菜，若是雞頭指向自己，意味著被殺頭，要回去吃自己了！那個時候僱主比較強勢，現代尾牙好像沒有看到雞頭了。

尾牙也會邀請投資者、顧客參加，一方面贊助同樂，一方面也是了解雙方的另一道橋樑。

287. 獎金

獎金是超越薪水的表現所得，所以老闆沒有義務發獎金，除非表現良好。

如果公司虧錢，大家要同舟共濟，想想賺錢的辦法。

如果公司賺錢，老闆不應吝於分享，否則留不住人才。

有些公司除了獎金還有配股等福利，讓員工也能成為小富豪，過著安居樂業的生活，值得鼓勵。

公司像一艘船，大家在船上，同心協力，努力捕魚，大家慶豐收，補不到魚，只能度小月。

288. 辦公室風水

背後有靠山，前不露馬腳，環境要整潔，老大不顧門，業務往前衝，財會放裡面，研發在密室，服務第一眼，

人人存善念，就是好風水。

289. 解決人

企業有問題是常態，解決問題是企業的日常，沒有問題的企業是大問題！但是解決不了問題，就解決提出問題的人。好像指認兇手的人，不去懲治兇手，而把指認人的手指砍掉，這樣不是解決問題而是解決人，問題沒有改善。

災難不是因為烏鴉叫才來，即便你趕走了烏鴉，災難一樣到來。

當然忠言逆耳，任誰都不想聽不好聽的話，即便話很中肯，一語中的，大部分人都不想聽。

所以有忠言必定要小聲講、私下講，大聲嚷嚷只會把問題搞大。

290. 教育訓練

教育訓練主要在於凝聚共識、激勵士氣、提升全員的戰鬥力，讓大家知道目標在哪裡、該如何採取行動，行動要領，然後加以訓練，熟能生巧。

教育訓練因達成目標的不同，有全公司、有部門、也有針對個人的，有內部的講師、有外部的講師；有在公司裡辦的，也有在外面租借場地辦的，沒有一定，但是讓公司更好是一定的。

所以教育訓練有其必要，公司、個人都應該重視。

291. 應酬

應酬是有目的性的約會，是公務的延伸到私人交情，如果邀約，對方能赴約，那就是好的開始。

如何應酬？簡而言之，「投其所好，賓至如歸。」而已。

292. 請客吃飯

請客吃飯，要吃什麼？中餐西餐？座位如何排？主客陪客是什麼角色，菜要如何叫？……全部都是細微功夫。

而你，吃飯的儀態、禮儀、敬酒，一舉手、一投足，對方看在眼裡，論斤秤兩，惦惦高度，英雄過招，一目了然。

如果你能做到誠懇自然、進退得宜，對手會敬你三分。

293. 續攤

續攤都在飯後，基本上就喝酒，你的酒品如何也是客人觀察的重點——酒前是君子、酒後掀桌子，酒品當然不好。

喝酒能紓緩緊張，酒過三巡，雙方稱兄道弟，自然交情升溫，不在話下。

但酒會讓人神志不清、精神錯亂，往往鑄下大錯而不自知，酒醒了，後悔莫及。

喝酒會成癮，連續喝酒會酒精中毒，加上抽菸、熬夜，每天戕害身體而不自知，哪天突然中風、痛風都不是偶然，身體要愛惜，沒有健康，事業都是空的。

294. 娛樂消遣

打球、打牌、是普遍的應酬方式，雙方的牌品及球品都在打牌及打球展現出來，當然也映照出人品。

從「牌品」看出「人品」；「球品」也看出「人品」。

另外打球與打牌都會有「放水」的機會，生意上賺一點，牌桌上放一點，切磋牌、球技又不傷和氣。

295. 管家

你能幫客戶做管家，你要的訂單不會少；你能幫上司做管家，升官發財不會少。

舉凡幫他們清清水管、通通馬桶、他們要能找你處理，好處少不了你。

如果馬桶通了，你順便幫他加一個日本原裝進口的免治馬桶，水管清了，再加裝一套德國原裝進口濾水器，那就更完美了！

當然客戶對你愛不釋手，上司對你讚譽有加。

問題是他們會「欽點」你幫他們做這一些事嗎？而你的腰夠不夠柔軟，心甘情願的做呢？

如果是，你的服務就做「到家」了！

296. 不浪費時間

希望是生命的泉源，失去理想目標，生命就趨於枯萎……浪費時間，是所有支出中最奢侈及最昂貴的支出。——富蘭克林

在公司，清楚你自己位置，如何為組織做出貢獻，然後呢？只為升官發財？

不論你是誰，你都要對自己的生命有覺知能力，架構你生命的藍圖，生命才會燦

爛，無論你是誰，你要知道你是誰。

浪費時間是最簡單的生活方式，因為它毫不費力，你會賺到了年齡，失去了青春，蹉跎了歲月。

297. 無形勝有形

無形的不是阿飄，一切用肉眼看不見的都是無形，因此無形的不僅指物理界的風、電波、聲波、空氣……更指的是靈性、福氣、溫暖、情緒……，有形的是肉眼見得到的物質界，山川丘陵、亭台樓閣、鍋碗瓢盆……以外還有銀行存款、資產等都算有形。

有形的看得見、看得盡，無形的看不見、看不盡，即便在空屋裡，傢俱以外，空間比較大，無形大於有形。

同樣的，人的品德、涵養、氣度、幸福、快樂是不是勝於自己擁有的房子、車子、骨董、字畫呢？

為什麼呢？因為有形的在身外，隨時都會失去；無形的在身內，沒有人可以奪走，而且在人生旅途中，能夠讓你自在的，不在外，是你的自性。

298. 節制

易曰：「節，君子以制數度，議德行。」

節卦是易經第六十卦的卦名，它要我們要有節制、數一數它的度數，不能超過，節制也是德行的展現，一個沒有德行的人是不會節制的，如：

飲食有節，不會招致痛風、糖尿病、肥胖等疾病。

言語有節，不會招致毀罵、報復、諍訟等麻煩。

性慾有節，不會招致腎虧、糾紛、生病的困擾。

開支有節，不會寅吃卯糧、破財、乃至破產。

所謂囂張沒有落魄的久。際遇好的時候要持盈保泰，有錢的時候不能亂揮霍，如果耽於淫樂、染上惡習，如賭博、吸毒、酗酒等，就是德行遠離。

不會節制，那災禍就悄悄來到。

299. 走對的路

To do the right things, to do the things right!

也許我笨拙，但沒有關係，我寧願走得比較慢，也不願跟別人盲目的趕路。——

達文西

謀定而後思動，方向、路線清楚了之後再行動，明明要去蘇州卻去了貴州，當發現走錯了要返回，已經是迢迢千里路。

300. 感恩與寬容

曼德拉說：「感恩與寬容經常是源自於痛苦與磨難，必須以極大的毅力來訓練……我自己個性急、脾氣暴躁，因為在獄中，讓我學會控制情緒，我才能獲得新生命。」

他被關二十七年，獲釋出獄當天，他心平靜地說：「當我走出囚室，邁過通往自由的監獄大門時，我心中非常清楚，我若不能把悲痛與怨恨留在身後，那麼其實我還在獄中」。

在任何逆境、困境中，那魔的考驗，其實是磨練，讓你蛻變、讓你重生。好不容易重生的你，不要讓憤怒、悔恨跟著你，對你沒幫助。

301. 懲罰自己

寬恕不容易，要有高度的生命靈性，也是智慧。

別人欺負我、毀謗我，不管有意無意，自己不要放在心上，否則你的心如刀割，一刀一刀，把別人的過錯拿來懲罰自己，心裡放不下，充滿怨與恨，一天又一天，非常伐不來。

302. 逆境不逆

「對我的殘疾，我充滿感激之情，它讓我發現了真實的自我、世界以及我的上帝。」——海倫凱勒

一個眼不能看、耳不能聽、口不能說的人，還能做什麼？

你能克服它、超越它、感恩它嗎？

這是海倫凱勒，二十世紀偉大的教育家。

貝多芬在創造「命運交響曲」的時候，他已經耳聾，聽不見。

所以人常常在困難的狀態下，綻放出生命的光芒。

假如你現在受到一點委屈、挫折，你要知道「逆境不逆」，面對它，成就就在前

方等著你。

303. 欲火焚身

多欲多苦、少欲少苦、無欲無苦。

你不追求它，它與你無關，如果你這個也要，那個也要，那太苦了！

道德經曰：「五色令人目盲，五音令人耳聾。」一味的向外求，只會障礙生命的成長。

欲望，發於內者是我們的習氣「貪嗔痴慢疑」，顯於外的是我們的五欲「財色名食睡」。

自私的人貪婪，那顆心是雜亂的，婪與焚都從「林」，婪（汝林——你的那片欲望森林）是欲望，它變成一把火，焚你的身！

304. 美容秘笈

女為悅己者容，愛美是女人的天性，最近醫學美容很流行，從頭到腳全身上下都可以讓醫生幫妳「改裝」，經由外在的整容，當然會讓身材臉蛋想凸的凸想凹的凹，霎時讓自己變得更漂亮，因為有效期，要經常「進場保養」。
其實「相由心生」，當「心美」了，人也會變漂亮，那心怎麼美呢？
簡單講就是「做好事、存好心、說好話」每天養成這種習慣，心就美，相就好。
「了凡四訓」是明朝袁了凡居士改變命運的實證，有一個女孩讀了這一本書，依照書裡所講，發願日行一善、日滅一惡，幾個月下來，眼睛黑白分明了、眼神柔和了、皺眉頭、抿嘴巴的習慣不見了，越看越好看。
反倒是去打美容針的，因為與自己的細胞不相容，當笑的時候，臉部某些肌肉並沒有跟著笑，並不自然；而且受地心引力的影響，久了就往下垂，並不好看。
所以人工美不如自然美，人美不如心美，心美是最棒的美容聖品。

305. 老天保佑

易曰：「自天佑之，吉無不利。子曰：祐者，助也。天之所助者，順也。人之所助者，信也。履信思乎順，又以尚賢也，是以自天祐之，吉無不利也。」
人在無助的時候常常祈求「老天保佑」，孔子說：天祐就是天助。老天會保護順勢而為的人，人會幫助有信用的人，你能信守承諾又能順勢而為，又能向善，天就護佑你，自然吉無不利。這整段話是在講，人必先自助，然后天助。人之自助，在于順時，順理，重信諾及向善。

所以所謂天祐是「自天」——自己的天，能保佑自己還是自己。

306. 失業

失業有兩種，一種是主動離職；一種是被動離職。

主動離職者，比較吃虧，因為沒有資遣費可以領。除非已經有新工作或不怕沒工作，否則離職前要三思，不可以意氣用事。

被動離職者可能因為表現不稱職，或公司解散、破產等因素而失業，這種情況依據法令得以依照工作資歷、待遇領取遣散費。

不管何種原因造成，失業者心裡都不好受，如果是時運不濟，那是暫時，總有一天太陽會升起；如果是因為自己的能力問題，請加強自己的本職學能；若是個性的問題，那就比較辛苦，因為技能的學習簡單；改變自己很困難，唯有反省自己，才能改變自己，自己改變，才能改變命運。

307. 招小人

易曰：「負且乘，致寇至。」負也者，小人之事也。乘也者，君子之器也。小人而乘君子之器，盜思奪之矣。上慢下暴，盜思伐之矣。慢藏誨盜，冶容誨淫。易曰「負且乘，致寇至」，盜之招也。

孔子特別舉這一段當例子說明。負且乘，負為背負，指背著貴重物品，這是小人。乘為搭乘，乘車，車子是專屬君子、大人的交通工具。背負著珍貴物品，搭乘豪華名車，自然是「招搖過市」，因此引來盜賊覬覦，搶奪財物。此告戒人行事當守本份，低調為要。當知密藏，不要炫耀。凡事當注意，自己的言行不當將會引來災禍。正所謂禍福無門，惟人自招。

為何招小人，因為太自現了，自己招來的呀，如何避免呢？安分守己，謙沖為下即可避免。

308. 不勝其任

易曰：「德薄而位尊，智小而謀大，力小而任重，鮮不及矣。」

德行淺薄而地位高貴，智能低下而心高志大，力量微弱而身負重任，這樣的人沒有幾個是不遭受禍害的。

在職場中是不是有這種人？蹲在茅坑不拉屎，對組織非但沒有貢獻，反而有害。德行不夠不足以服人，卻要在高位管理人，自己不懂的不要裝懂；實力不夠卻要硬扛，當然有害。

為了自己不要成為這樣的人，平常就要培養良好的品德、高貴的情操，加強本質學能、解決問題的智慧，以提升自己的實力，在任何位置上都能夠勝任。

309. 抉擇

有一位住在台灣的朋友，在父親過世後，在抽屜找到存放「半世紀」以上的舊錢，於是拿到銀行一筆筆的兌換，最後只換回新台幣五萬多元，被銀行員笑說：「五十年前，這些錢可以買到好多田地」，他的老爸理財的方式是不是有點冤？而且小孩如果不拿去銀行，而是拿去賣收藏家或古董商的話，價錢只會更高；如果不缺錢，還可以繼續放，做傳家寶。

爸爸沒有「正確」理財，因為通貨是會膨脹的，鈔票就是通貨啊！

兒子也沒有做「正確」的決定，拿去銀行換，去銀行是不會換好價錢的。

俗話說：「選擇比努力還重要。」

此話不假。

310. 不好睡

不好睡多是「放不下」，尤其是女性心思細膩，容易牽腸掛肚，所以不容易入睡。

現代社會生活忙碌、工作壓力大，一時無法排解，也不容易睡覺。

長期睡眠不足會變胖、精神不集中、黑眼圈、疲倦、脾氣暴躁、沒有耐性……

因此有些人借助酒精，因為麻醉效果，容易昏睡，但是不能熟睡，半夜醒來便不容易再入睡，反而更累。

所以一般人就求助醫生開安眠藥，現代人靠安眠藥入睡的不在少數，因為安眠藥成癮也有一些副作用，所以建議「非常時」再服用，「平常時」最好克服對它的依賴。

睡眠障礙需要克服，其根本的解決之道在「紓壓」及「穩定情緒」，運動、音樂、繪畫可以紓壓，誦經、持咒、靜坐可以穩定情緒。+

要放下「不容易」，不放下「不容易睡」。

311. 布施

佛家文化中有布施的說法，很值得借鑑。布施大致有三種，一為財布施，二為法布施，三為無畏布施。

一般人認為布施不就給錢嘛，沒有錯！金錢接濟人家是布施，屬於外財布施的一種，錢財金銀珠寶乃至房屋傢俱都是外財布施。

如果你動手去幫孤苦老人洗澡、打掃或用你的專業：如水電，幫助人家修理家電也算布施，這種是內財布施，也是財布施。

法布施是用善巧方便使人明白道理，順著道理去做。

無畏布施是給一些憂慮恐懼的人軟言慰喻或醫藥飲食，讓他們不憂不懼不恐不怖。

常布施的人有慈悲心，慈是給樂，悲是拔苦，所以布施不一定要花錢，慈悲也是。

聖經說：「施比受更有福。」不論有沒有在職場工作，懂得布施的人，生命是燦爛的，並終將受到祝福。

312. 後悔

俗話說：「沒有後悔藥。」過去種種好像潑出去的牛奶，無法收回。

人生若是可以從來一次，有什麼事會讓你選擇不一樣的路嗎？

如果沒有，那你是一個很讚的人，因為「是好是壞，都有它的因緣。」你能了解無緣不聚，不是冤家不聚頭的道理，處逆境的時候，勇敢面對它、處理它，當事過境遷，你會發現你自己成長了。

一生順風的人，好像在天堂，無憂無慮，遇不到困難，沒有考驗，不會想太多，一輩子就風平浪靜的過，有一天老了，回首前塵，覺得味道雖淡了些，那也是一輩子，沒有好後悔的。

313. 忠恕之道

曾子曰：「夫子之道，忠恕而已矣。」

孔子弟子曾參說：老師那麼厲害，人格那麼高尚，總歸二個字而已，一是

「忠」，一是「恕」。

盡己之心謂之忠，「忠」：心中，對於任何人、任何事、遇到任何境界，孔子的態度就是「盡心」，把它做到盡善盡美。然後就推己及人，所謂：「己立立人，己達達人。」自己好之後就分享給大家。

一般人對於「恕」的理解是寬厚、包容，能夠原諒別人，而恕的真正意涵在「己所不欲，勿施於人」。

社會上很多人把自己喜歡的事物強加在別人身上：「我很喜歡，所以你要喜歡」，這是「己所欲而施於人」，因此往往給對方壓力，如果對方不從，就變成雙方的壓力，有點傷腦筋。

「恕」是如心，自在的心，自己不喜歡的，不會施加在別人身上，別人沒負擔，自己也沒負擔，雙雙自在。

314. 月亮惹的禍？

許多人遭遇困難、做事失敗的時候就怪東怪西，怪老闆怪伙計，千奇百怪，無所不怪，就是不怪自己。

一切都是月亮惹得禍，自己一點責任都沒有。
易經裡面談到的「自」是自己不是別人。如：
「自強不息、自天佑之、自我西郊、自我致戎、自我致寇」……都是「自」——你的強大是自己奮鬥得來，老天爺幫忙其實是自己幫自己、沒有和解是自己不願面對、引發爭端是自己招來的、盜賊來犯也是自己造成的。
所以遭遇逆境的時候沒有理由，你只能面對它，善解它。
通過自我修煉及自我反省，你才能自我成長。

315. 失去

害怕失去，失去錢財、親人、愛人、房屋、田地。
當失去你的心頭肉，痛苦、掙扎、消沉等等情緒很難抽離。
其實你要能明白，一切事物都不是你的，它是短暫讓你擁有，有緣就聚，無緣就散，你來到這個世界沒有帶來任何東西，走的時候，你也帶不走任何東西，一切的「擁有」都是短暫，終將「失去。」
只是你認為那是你的，是你擁有的，所以失去它很痛苦；如果你能認為你是你，他是他，你跟他的關係只是因緣和合，有緣就聚，沒緣就散，那失去它並不會讓你心發狂。

朋友們，會跟著你的是你的智慧跟靈性；不是「外人」也不是「外物」。

316. 逼迫

逼迫，不想面對的事情卻又不得不面對的時候。

比如缺錢，被錢追著跑；業務績效不好，面臨業績壓力；資金不足，面臨破產邊緣……等等。

泛言之，錢、病、苦、功名、權力、工作、事業、親情、愛情都可能被逼迫。

如果你被逼迫，或者破產、或者被關、或者丟官、失去至愛……等等都是百般不願意，但是每一件事情都有他的因、緣，沉澱它、明白他，當你心裡明白，一切都會過去的，你就釋懷了，而且只要面向陽光，克服障礙，總會有東山再起的一天。

317. 知人知面不知心？

「聽其言，觀其行。」

言與行都是內心所想，實際的表現在外的行為，看他說什麼、做什麼就可以知道他心裡想什麼！

有些人隱瞞的很好，說的話、做的事大家看不出來，但他的眼睛不會說謊。眼睛是靈魂之窗，每一個人的心思都透過眼睛顯現，所以透過看眼睛，可以明白那個人的心思。

其實知道自己的心，關照自己的心，比較重要，關照自己的心的人也比較能夠知道別人的心。

其實人、面、心是一不是三，你知人，也會知面跟知心；你知面，也會知道人、心，你能知心，你什麼都能知道。

318. 血本無歸

血汗賺的錢當本錢，錢出去了，本都回不來！

電商、加盟、未上市股票、黃金期貨、國外地產……各式各樣的商品琳瑯滿目，最近東南亞的房地產正夯，有很多人一窩蜂地去搶購當地的房地產，前一陣字大媽們因為被騙，群體去馬來西亞討公道，到底討得回來嗎？很難，老千設局非一招二招，好多人血本無歸，哭聲淒慘。

雖然錢生不帶來死不帶去的，但是它出了門回不來，心裡還是很恐慌，每天過得並不輕鬆。

因此，投資是心裡要清楚，高報酬必然高風險，想要高報酬，心臟要夠強，隨時要有血本無歸的心理準備，否則建議你慎選有信用的投資標的，穩穩當當的賺，即使虧錢也不傷筋動骨。

319. 借錢

俗話說：「求人難，難上天。」尤其在「借錢」這一件事。

如果你一輩子都沒有向人借過錢，那你真的很好命，如果你一輩子一直向人借錢，只能嘆你自己命薄，但也表示你還有信用，一直借還借得到，我對你肅然起敬！

窮人向人借錢出於無奈，富人向人借錢為了週轉，不是窮人才借錢。企業為了發展也會向銀行貸款，所以借錢不可恥，可恥的是借錢不還。

小時候家窮，父母親常向親戚借錢，言明利息若干、還款期限。但是時間快到了沒錢還怎麼辦？為了守信，父母親會向B借錢來還A，如果沒有B可借，他們會事先請求對方放寬期限，因此守了一輩子的信用，有困難時，親友都願意借他們，這也是身教，讓我受用無窮。

320. 來借錢

有去借錢的時候，當然也會有親友來借錢的時候。

當親友來借錢的時候，基本的態度是：能幫就幫，在能力範圍幫，救急不救窮的幫。

不想借的的理由大致有四：

不想借他：沒有交情。

不敢借他：他的為人信用不好，借了錢像肉包子打狗，一去不復還。

不能借他：他借錢做不正當的事。

無法借他：自己手頭也很緊，沒有錢借他，不要因為同情心，或者貪高利息，沒錢卻去借錢給他。
錢是身外之物，朋友有通財之義，該幫就幫，但應量力而為，不要把自己逼到絕境。

321. 買房

不僅是北上廣深這些一線城市，二線三線城市等，還有香港、新加坡、台北等都市都出現房屋高價，人民（尤其是年輕人）住不起的窘境，努力工作的雙薪夫妻，買了房子不敢生孩子，所以生育率也很低，這是一個社會的畸形現象，久而久之就形成嚴重的社會問題！

孫中山先生曾經說過：「耕者有其田，住者有其屋。」的大同社會理念，耕者有其其田是田是中華民國政府在台灣於一九四九年實行三七五減租，於一九五三年實行耕者有其田，造福了許多農民。

所以有人建議來一次「住者有其屋」的三七五政策，實現居住正義，也就是說房屋支出占家庭可分配支出的千分之三七五。

如此一來，應可造福更多年輕人，讓他們的未來充滿希望。

歐洲國家如荷蘭、德國的公共住宅或許可以讓主政者參考。

322. 惻隱之心

在台灣的街上乞丐少見，而被推著輪椅賣口香糖的、出家人托缽的倒比較常見，花點錢就可以做善事，一般良善的人偶而會做，給點小錢、結個善緣。可是後來發現這些坐輪椅賣口香糖的背後都有「集團」在控制，也有些假裝出家人穿著袈裟騙人，白天化緣，晚上上館子、住飯店，根本騙人！所以許多人乾脆就採取拒絕的態度。

這樣一來，可苦了真正需要幫助的人，有人把這個困擾問得道高僧，師父開示：你幫他是你的事，他騙你是他的事，自己的事自己負責，自己的業自己擔。所以你不能因此停止良善，而是要培養智慧，靠你的慧眼，可以看清他們是不是在演，你就會幫到該幫的人，也不會幫騙子造孽。

323. 世上苦人多

那天晚上跟朋友吃完飯，搭計程車回家途中，就在南京東路上等紅燈的時候，我見到路旁有一個小黑影在移動，定睛一看，是一個人，一個殘缺的人，夜晚，雙手拄雙杖，雙腳不良於行卻馱著一大袋的物品販賣。

我要司機停下車，去到他的面前，他很有志氣說若只給錢他不收。又說我是他今天第五個來問他的人，但是沒有人買，他很饑餓，快沒有體力了，請我幫幫忙。

本來就想幫忙的我，問他東西怎麼賣？他說有刮鬍刀、浴巾……我選了十二條包裝的毛巾（家裡用不了那麼多），要一百五十塊錢，給了錢，上了車，順便送計程車司機兩條，見者有份。

在車上心裡想，這個人這麼苦，為何不坐輪椅？為何獨自一人（一般有人推輪椅）？又為何賣的單價那麼高？

是不是太執著、個性太硬？重要的是「為何雙腳都不良於行？」

不良於行苦，獨自街上賣東西更苦，心沒有打開，最苦。

324. 領袖

領子跟袖子，拿衣服時，抓住領子、袖子，衣服不會亂。

所以當領袖就是要會抓重點，台積電創辦人張忠謀說領袖有兩個要素：

一　凝聚團隊向心力，你可以相當的嚴格，但是一定要公平。
二　你要知道方向。
如果領袖沒有領袖魅力，會有人跟隨嗎？領袖魅力從何而來呢？修煉啊。
又如果你抓不到方向，部隊就一起陪葬，方向感來自於智慧的累積，向心力與方向感是領袖的要素，一針見血。

325. 價值觀

現代男女相親常會問對方：有車嗎？有房嗎？銀行多少存款？
沒錯，有基本上的經濟基礎也是雙方以後生活的保障，可是妳又不是嫁給房子、車子！
娶妻娶賢淑，嫁夫嫁肩膀，這才是未來生活的保障，房子、車子都可能會消失，但是品行不太會改變，所以房子、車子是配角，人品才是主角，把配角當主角，那價值觀就偏差了。
還有，我上班要穿性感一點，色誘老闆準升官發財!?
公司是營利事業，誰能對組織貢獻，讓誰升官發財才是正道，上班穿著整齊乾淨就可以了，主角是工作表現，穿著打扮是配角。

有些人賺了錢愛買名牌，有些人愛吃美食，有的愛投資變更有錢，只要價值觀不偏差，有人愛青菜，有人愛蘿蔔，各取所需，喜歡就好。

326. 君子三變

子夏曰：「君子有三變：望之儼然，即之也溫，聽其言也厲。」

子夏，孔子學生，他說：君子有三變，首先你見到他覺得他相貌莊嚴，不可侵犯；接近他卻又覺得他和藹可親，容易親近；講話又有威嚴，一絲不苟。

看起來很莊嚴，

接近他很溫和，

說話又不輕薄。

這是職場人應該學習的功夫，尤其是主管、領導者更應該如此，若即若離，好相處又不跟你五四三。

327.
救誰？

常常聽到有人問：「假如媽媽跟老婆同時掉到河裡，你會救誰？」

人生常常面臨兩難，很難決定，到底要救老媽好還是救老婆好呢？

我們是不是常常掉進二選一的侷限思維？有沒有第三、第四乃至更多選項呢？比如說：

一　如果他們都會游泳，自己游回來就好了，不需要救。

二　如果你不會游泳，你跳下水，你先溺斃，三個人都不會游泳，全滅頂。

三　如果周邊有救生圈、浮木，你可以丟幾個給她們，都能救。

以上都不是二選一的問題，所以當緊急狀態發生，一定要沉著冷靜，萬一不得已，能救的先救，救一個算一個。

328.
解決爭端

即便你是主管，請不要做裁決者，道德經曰：「和大怨必有小怨。」仲裁者往往吃力不討好。

比如你的小孩爭食一片西瓜，你過來，馬上把西瓜切兩半，一人一半！

可是你確定切得大小一樣，甜度一樣嗎？如果不是，一個說你把甜的給哥哥，一個說你大片的給弟弟！都不滿意，你兩面不是人。

換一個方式，讓兩兄弟猜拳，贏得負責切西瓜，讓輸的先選呢？

這麼一來，一個贏得分配權、一個贏得選擇權，都贏喔。

329. 抱怨高手

高手在民間，有時候在你的工作單位。

太極拳經曰：「拳練千遍，得機得勢；拳練萬遍，神理自現。」

又說：拳怕練。

太極拳是如此，抱怨也是。如果你常常抱怨，見到人就抱怨，那久而久之你就會是「抱怨高手」。

抱怨只是在發洩你不滿的情緒，對解決問題一點也沒有幫助，所以抱怨並沒有生產力，反而降低生產率，對組織發展沒有幫助。

沒有人愛聽抱怨，你的抱怨只會增添嫌惡感，人緣不會好……聽說「福神」愛聽好聽的話，不愛聽抱怨、毀罵、髒話。

所以抱怨者沒福氣。

330. 職場五大災難

一　病毒入侵：聘請不當的人，在組織裡散播謠言、製造禍端、搧風點火、惡意中傷。

二　癌細胞擴散：本來組織既有的大問題，不去理會它，結果擴散到周邊組織，不能救治。

三　腐敗長蛆：組織裡面的蟲，專門吞噬組織的資源，敗壞組織。

四　多頭馬車：瞻前顧後、腳步凌亂、失去方向、原地打轉。

五　擅離職守：沒有紀律，做事馬虎，錯誤操作，按錯按鈕。

組織無非人、事、物，主要在人，人搞定，事物就搞定。

331. 好逸惡勞

新加坡已故總理李光耀生前到台灣都要買蜂蜜回去，他說：「因為台灣的蜂蜜品質比新加坡蜂蜜好。新加坡蜜蜂比較懶惰，生產質量不高。」

相對於新加坡四季如夏，蜜蜂都懶懶的，而台灣有春夏秋冬，蜜蜂為了生存，隨時都要對應氣候的考驗，不得不動腦又動腳，有憂患意識，比較勤快。於是台灣專家帶著蜂群去提高新加坡蜂蜜的質量，從台灣帶過去的蜜蜂第一年的質量的確好過新加坡，可是從第二年開始，質量都差不多「不好」。為什麼呢？因為被同化了，環境很重要，近朱則赤；近墨者黑。在職場也是一樣，你要有感覺，你進入服務的單位是什麼樣的單位，如果是涼缺，那麼變懶散是必然，質量不會高。

332. 優秀是一種習慣

古希臘哲學家亞里斯多德說：「優秀是一種習慣」。如果優秀是一種習慣，那麼懶惰也應該是一種習慣。人出生的時候，除了脾氣會因為天性而有所不同之外，其他的習性，基本上都是後天形成的，是家庭教育與環境影響的結果。

「孟母三遷」是耳熟能詳的故事，假使孟子沒有母親的教育跟環境的選擇，孟子不會是一號人物。

所謂「觀念影響行為，行為成為習慣，習慣變成個性，個性影響命運。」也就是說，我們的一言一行，日積月累下來，就會養成習慣；有的人形成好習慣，有的人形成壞習慣。因此我們從現在起，要把「優秀變成一種習慣」，讓我們的優秀行為習以為常，變成我們的第二天性。

好習慣從日常生活做起，養成規律生活不邋遢的習慣。

333. 仗勢欺人

噠噠的馬蹄聲呼嘯而過，一隻站在馬車上的蒼蠅說：你看吶，我揚起了這麼一大片的灰塵！

當然揚起灰塵是馬、車跟駕駛人，怎麼都輪不到這隻蒼蠅啊！

組織裡有些人就像那隻蒼蠅，認為很多事都是他的功勞，甚至認為這個公司沒有他，公司會倒，因此很自然的凌辱屬下、魚肉廠商，大家苦不堪言，又怒不敢言。

其實在職場上得饒人處且饒人，你可以嚴格，但不能刁難，否則怨氣積累，那一把迴力刀會揮到自己。

還有不要把自己稱重了，你只是一隻蒼蠅，你要知道自己沒半兩重，有一天職位不再，報怨的報怨、報仇的報仇，要後悔就來不及了。

334. 曾參殺人

曾參，孔子第二大弟子，出名的孝子，有一天鄰居聽到曾參殺人，慌忙跑去告訴他的母親：「不得了啦，曾參在外面殺人了。」曾母在窗下織布，頭也不抬的回答：「我兒子是不會殺人的。」不大一會兒，又有一位鄰人跑來說：「曾參殺了人！」曾母仍然不信，從容自若。過了一陣，又跑來一個嚷道：「快跑吧，曾參殺了人！」曾母懼怕了，她丟下織梭，慌慌張張翻牆逃走了。

事實上鄰居確實聽到曾參殺人，事實上曾參也的確殺了人，只是同名同姓，並非本人。可見謠言的可怕！

在組織裡，你是那些好心的鄰居？還是曾母？還是曾參？

如果是鄰居，請你確認清楚再發布訊息，否則你是謠言的散播者，你的善意，是一把刀。

如果你是曾母，對於自己有沒有信心，如果信心不足，很容易被謠言擊垮，對自己人產生誤解乃至嫌隙。在職場，曾母像是老闆，你若是老闆，你對自己屬下有信心嗎？

如果你是曾參，這件事是無妄之災，既然不是你殺人，與你無關，該吃飯就吃飯、該睡覺就睡覺，不必急於辯解，退潮了以後，就知道誰沒有穿褲子。

每一個人都做好自己的角色，事情回歸本質，本來就沒事，不必變大事。

335. 管好自己的嘴巴

俗話說：「病從口入，禍從口出。」

飲食無度、胡亂吃藥乃至抽菸、酗酒、吸毒等不良習慣都是從嘴巴進去的，就像生產線，將不好的原料投入設備，設備會壞掉。

大家有沒有發現，守口如瓶的人，大致是一個有修養的人？他不亂講話也不亂傳話，謠言到他耳裡，像遇到紅燈，停了。他不道聽塗說也不做謠言的傳播者。

另外眼睛所見、耳朵所聽、鼻子所聞、舌頭所嚐、身體所感、頭殼所想的，全部讓嘴巴去講。

所以嘴巴要進也要出，進的是食物，出的是言語，我們的顏面，眼睛、鼻孔、耳朵都有一對，唯獨嘴巴只有一只，要進食又要出「口」，太忙太忙！所以能夠管理自己嘴巴的人必然不簡單的人，其實嘴巴的問題不在嘴巴，是你的那顆「心」，要管嘴巴先管好那顆心。

336. 旅行

俗話說：「行萬里路，勝讀萬卷書。」

一九八〇年代台灣有一個企業家規定：公司員工服務每滿三年一定得要用公費出國旅遊，因為每天在公司裡面，跟外面沒接觸，久而久之就變成井底之蛙，所以要到外面走走。

不論到先進國家、落後國家都好，到處看看，即便看看路邊的水溝蓋都會有收穫的。

的確，出國可以看山河大地、人文風景，也能夠增廣見聞、充實知識，企業鼓勵員工出國參訪對於企業而言不僅增加員工向心力，更能因為增廣見聞而讓公司更有多元意見。

有些同事常常規劃渡假，放鬆心情、解除壓力，實際上渡假大多在官能方面的享受，心猿意馬，千里跋涉，心不能收攝，所以出國旅行是「放」逸的心，不是「收」攝的心，渡假回來，注意要收心。

337. 增減

你把錢拿去做什麼，它就變成「那個」——
你享受美食，錢就變成滿桌美食。
你拿去買醉，錢就變成酒池肉林。
你用來學習，錢就充實你的腦袋。
你拿去捐獻，錢就豐富你的生命。
你的錢沒有不見，只是以其它形式呈現。
既是增增減減，也是不增不減。
你選擇哪種模式呢？
我以前有一個同事好吃大閘蟹，他把工資拿去吃，一次吃上十隻，錢花了還好，可是沒過多久他就痛風，花錢又傷身。
如果你樂善好施，好學不倦，你增長了智慧，減少了存款，這種模式，要不要試試？

338. 助人的能力

俗話說：「助人為快樂之本。」

大家有沒有發現到，不快樂的人，大都不會幫助人，而且常抱怨？反倒是樂善好施的人比較會感恩，比較會說：謝謝，然後比較快樂。

所以快樂沒有秘訣，就是有能力去幫助人。

有人問：怎麼幫人？

有錢出錢；有力出力啊。

再問：我沒錢沒力。

那你可以讚美與鼓勵啊。

有些重症不良於行或患癌症等病症，日子很辛苦，但是還有手可以鼓掌；還有嘴巴可以讚美；還有臉可以微笑；這樣也是助人，不用出錢、不會吃力。

一句安慰的話語，一個溫暖的眼神都是助人。有求助的眼神就有幫助的眼神。

今天開始，開始助人，停止抱怨，你會發現日子過得充實又快樂！

339. 禍福相依

陰中有陽；陽中有陰。
福中有禍；禍中有福。
成功中有失敗；失敗中有成功。
陰陽相生，禍福相依，失敗為成功之母。
這個道理懂了，遇到壞事，泰然處之；遇到好事，淡然處之。
得意時浪高數丈；失意時浪低數丈，你的心恰如滔滔巨浪，你就註定葬身大海上。

340. 隨波逐流

周易頤卦六四，「虎視眈眈，其欲逐逐」
目不轉睛者「迷」；急切得到者「欲」。
為什麼會隨波逐流，做生命的流浪漢呢？因為「欲望」太多，「迷失」了方向。
一味的去趕流行，追限量品，孰不知是商人的炒作手法！漏夜排隊去搶頭香、發財金的，孰不知是自己的欲望作祟？

生日一定是要吃生日蛋糕嗎？一定要吃大餐、開生日趴嗎？事實上「生」是苦的，當然苦中作樂也行，慶祝一下也無傷大雅，但是搞得太大，都不知道你從媽媽肚子裡出來的那一天，母親的辛苦度破表!?你能回家陪陪母親，你會發現你越來越清醒，因為你不隨波、不逐欲、不會隨波逐流了。

341. 知道

我們說了解了、明白了叫「知道」，注意是知「道」喔，知什麼道啊？平衡和諧的那條大道，沒有陰陽調和、不自在、不平衡的不算「道」。所以要知「道」，那條大道。

342. 睡覺

睡的作用是「覺」，覺知、明白的意思，睡不好不能「覺」，不僅影響身體健康，感覺疲倦、情緒不穩、沒有耐性，注意力不集中，工作效率不會高。聽說拿破崙以一天只睡三四小時自豪，結果他最終還是失敗者，其原因眾說紛紜，對我們一般人，累了就休息，好好睡才能覺。

動物大致上都很會「睡」，可是不容易「覺」，因為睡太多反而會昏沉懶散，過猶不及都不好。

有些修行者可以好幾天不睡覺，是因為他們有傳說中入定的功夫，所以要不要睡就看你是「常人」還是「非常人」了。

343. 缺少愛

有很多人的家人成天嘮嘮叨叨，抱怨一大堆，一回去就開始疲勞轟炸，連續幾小時，天天如此，長期以往，連自己都快發狂了！

要解決問題應該從根本做起，問題很簡單，做起來要有耐性，因為冰凍三尺非一日之寒，愛嘮叨抱怨的人缺少的只有一樣東西，那就是「愛」。

風跟太陽打賭看誰能夠把路人的衣服脫掉，風拼命的吹，死命的吹，路人的衣服不但沒有被吹掉，反而把衣服拉得更緊；而太陽只是給他感覺溫暖，他感覺熱了，衣服自然脫掉。

缺乏愛的人心裡冷冰冰，只有溫暖他的心，才能將嘮叨抱怨的冰塊給融化。

如果家中長輩是這種狀況，你給他誇獎，他會微笑以對；你幫他按摩，他會接受到愛；他的嘮叨，你能傾聽，當愛變成日常，融冰指日可待。

344. 自殺

有一個出家師父，出家之前得到癌症，醫生幫他開刀，發現細胞已經擴散到其他組織，所以放棄手術，請他回去交待後事，結果他不但存活下來，至今已三十幾年！

雖然期間身體極痛苦難受，他沒自殺，當初幫他開刀的醫生已經過世，而他與癌細胞共存亡，不僅還活著，還活得很燦爛。現在是一個弘法利生的大善知識——海雲和尚。

所以不管是嫌惡自己身體的殘缺、受盡折磨或事業失敗、走投無路，都不能自殺，「上天有好生之德」，雖然這邊門關了，但是一定會在另一端開一扇窗，絕對有路可以走。請不要放棄。要「自力更生」——相信自己的力量、創造更好的生命。

345. 早年風發；晚景淒涼

俗話說：夜路走多了總會遇到鬼。

台灣有一個特別的人，早年在媒體訪問名人的時候，在人家身後舉牌，人稱「抗議天王」，因為如此，他變成一個知名的人，卻也同時得罪了許許多多的人！號稱曾經擁有數十億身價的他，聽說得到帕金森症已經十五年，本來就不胖的他，現在瘦成皮包骨，苦不堪言。

花無百日紅，人無千日好，人在順境的時候，做什麼都好，意氣風發，可是在逆境的時候能不能不逆，那要看你過去做了什麼？結善緣還是惡緣？過去得罪太多人，造了惡緣，你在逆境中，只會更逆，不會變順；你若能明白，平時就會給人方便，廣結善緣，即便遇到逆境，總會有遇到貴人的。

你的好與不好，不在人家面前說你什麼，而在人家背後怎麼說你。

346. 讓自己更強

年輕人，先充實自己吧！不要讓買房成生活壓力，先讓自己茁壯，想辦法讓自己變得更強，其它身外之物都不值得花在精神上面。——蕭敬騰，（歌手，三十二

歲）

「讓自己變強，持續不懈怠」，那才是蕭敬騰日復一日努力追求的目標。

沒錯，他已經擁有豪宅、名車，說穿了，那只是變強的附屬品。

年輕人，加油！

347. 報父母恩

父母親生我、養我、育我，含辛茹苦，把屎把尿，把我們拉拔長大，他們的恩情比天高。孝順父母乃是天經地義的事。

但是因為價值觀、代溝、父母老化等問題，使得年輕的一代有心要孝順父母卻又常常跟父母起衝突，最後眼不見為淨，有錢給點錢，沒錢離得遠遠，尤其父母親身體狀況不好、不能自理的時候，更是如此，乾脆棄養。

孰不知孝養父母的人會得到上蒼的祝福，百善孝為先，無論在外面做了多少好事，回家不孝敬父母，那只是表面善人。

孝順父母三階段：

一　知母（父）：你能真懂他們的個性、他的心思、他的能與不能。

二　念母（父）：你能真正的感念他們的恩情、他們的好，才不會憎恨他們、嫌棄他們。

三　報母恩（父）：實際行動去做。

願全天下子女皆能孝養自己的父母，沒有父母的子女把天下的父母當作自己的父母。

348. 職道

本書書名「職道」，是闡釋職場之道，狹義來說是「職場道德」，職場道德簡而言之就是「忠」與「中」二個字而已。

俗話說：「受人之託，忠人之事」，你是老闆、夥計，你的職位就是公司託付你的事，你要忠於自己的職務。

然後不論你是大企業還是小店家，生產的產品、提供的服務都要忠於原味，是什麼就是什麼，沒有那麼多的花樣、沒有半點投機取巧、偷斤減兩乃至偷天換日。

想一想地溝油、塑化劑是怎麼出來的呢？因為不「忠」所以做出不好的事情。

「人心惟危，道心惟微，惟精惟一，允執厥中」《尚書》

人心是浮動的，道心是微妙幽深的，想要求道心，最精粹也獨一無二的方法，那就是信守中庸之道。

守「中」，讓自己的心與道同行，不要走偏。

349. 要五毛給一塊

買東西看價錢，貨比三家不吃虧。現代網路發達，東西價格透明，容易比較出來，這是「交易法」，是什麼就是什麼，單純買賣不夾雜感情，銀貨兩訖，各得其所。

有些買賣因為是親戚朋友的關係或因為見面三分情，產生買賣的行為，這算「交易情」，既然有感情成分，就不能斤斤計較了，否則傷了感情，連親戚朋友也做不成了。這種交易情要「讓利」，雙方都要讓，否則不能近人情。

對於小本生意而言，賺的是一塊五毛的蠅頭小利，假如你上市場買菜，四十八塊錢，不要跟人家殺到面紅耳赤，你給他五十塊不用找，他感激你一整天，還送蔥送薑送蒜的，你的吃虧是佔便宜，這種要五毛給一塊的「交易情」讓你也快樂一整天。

350.跟狗吵架

跟人不要吵架了，何況跟狗？
有看過人跟狗在吵架的嗎？
因為語言不通、見地不同。
不跟他一般見識是表示你跟他不同一等級，好比重量級的拳擊手不會跟羽量級上擂台比賽一樣。
有些人不值得浪費時間跟他爭辯。
還有——跟狗吵架，你吵不贏。

351.跟在誰後面

開車時跟在一部慢車後面，山路只有一線又是雙黃線，超車太危險，你只能耐著性子跟在後面。
在職場，有時候跟在不能提拔你的、處處擋著你、讓你無法過去的上司，就像擋在前方的車子一樣。
遇到這種狀況，你要看清楚環境，如果開在雙黃線的山路上時，你要耐心等待，因為小不忍則亂大謀，執意的超車可能會讓你身陷險境。
有時候彎道可以超車，但因為彎道有死角，超車時要有把握，否則還是保持耐性，不要貿然行動，以免造成不可挽回的遺憾。
其實選擇比努力重要，如果可以，你可以選擇不一樣的路，沒有烏龜車在前方擋你的路。

352. 見與觀

眼睛所見，見外在一切不平之事，向外看。
內心所觀，照內在一切自己之過，向內看。
一個「見」外界，一個「觀」內在，一個放逸、一個內省。
如果你能養成「但見己過，不見他人失。」的習慣，就是最愛自己的方式，別人的事別人造，自己的事自己了，如此「見」的時間少了，「觀」的時間多了。你沒有那麼多時間跟人家計較。
叫了外賣，你用「見」的，你可能見到送貨員送貨太慢、見到食物不夠熱。
你用「觀」的，你會觀到你真幸福，不用出門就可以享受一餐飯、觀到你吃一頓飯為何製造出一堆垃圾!?

353.
正念

無論面對多麼壞的情況，應該往好的方向想、他就會往好的方向走。

俗話說：「吃苦當作吃補」

合理的當作訓練；不合理的當作磨練，把它當作考驗，你會有歷練。

在人生的道路上，有高有低，有平坦有崎嶇，不可能一路順遂，如果你面前的道路滿是泥濘，加上崎嶇不平，那你能保持正向思考，你會想辦法通過，當你通過了，你也通過了考驗，下一次的崎嶇道路對你而言就是小事。

如果你迴避它、厭惡它或者因此而自嘆自唉，你永遠都不曾過關，而且事情越變越大，你就越來越煩惱。

當事情來的時候，請保持正念，接受它、面對它、處理它。

354.
包容

別人的意見跟你一致，因此你喜歡他，那不叫包容。不如你所願，你不喜歡的人或事，你能夠接受，那才叫包容。

包子是能把內餡包起來了才叫包子；容器是要能把東西裝起來的叫做容器。

包子不選擇內餡，菜、肉、芝麻、花生……無所不包。

容器不選擇內容，水、茶、咖啡乃至尿液……只要能裝得的，無所不容。

學習包容嗎？先學學包子、學學容器吧。

包字裡勹內有已，能包天下之事。

容字裡寶蓋下有谷，能容天下之人。

355. 英雄難過美人關

報載美國知名連鎖店麥當勞的執行長某君因為與公司女同事有染被辭職，在同一天的新聞台灣某銀行老總也因為跟女秘書有超越同事的關係被迫退休！

雄性是攻擊性的動物，尤其獵物在前，要展開攻勢的時候，當下的智商接近零，也就是動了情，完全失去理智。

英雄所以是英雄，正因為生命力旺盛，所以 fishing and hunting 的能力強，容易在各行各業出類拔萃，也因為如此，也很容易陷入食慾與淫慾的漩渦，漩渦過大會滅頂，不可不慎。

飲食過度、菸酒過量會敗壞身體，而淫慾過度不僅身敗還會名裂。

管好下半身並不容易，花錢的買情、不花錢的偷情，都是淫慾作祟，古今中外多少英雄豪傑都拜在石榴裙下，很難過關。

所以，想過關的人，要想清楚。

356. 齊人之福

聽說回教國家可以娶四個老婆，跟中國以往的三妻四妾（第四個為小妾）好像一樣？

但基本上在回教國家欲娶二房，要能得到大房同意，欲娶三房，要大房、二房同意，娶四房要前三房同意，真娶了四個老婆，老公乾脆不回家，因為回家難受。

現代社會一夫一妻相對單純，如果能夠相親相愛、共度一生那是最好，有些人喜歡上了別人，而另築愛的小巢，於是跑來跑去，疲於奔命。

所以齊人之福不是福。

易經：「三人行則有損一人，一人行則得其友。」

要享受齊人之福的人請三思，因為齊人之福不是「享受」而是「想受」——想要去承受。承受時間、金錢、情感的付出，承受欲兩全其美、身心的撕裂感，願意承受的人是很「心苦」的人。

但是有些人還是飛蛾撲火，準備「想受考驗」的人請三思，否則只能嘆「問世間情為何物?!」了。

357. 染上惡習

有人好色，成天流連花叢中；有人好賭，有賭場就衝過去；有人染上毒品，男性做奸犯科、女性不惜用身體去交換；有人酗酒，喝到腦袋空空，酒精中毒……

習氣每個人都會有，只要不傷筋動骨，日常消遣無傷大雅，適當就好，打打衛生麻將、打打高爾夫球，小小輸贏，勝負一餐飯、飲酒適量，不誤正事，你才能自在，如果深陷其中，到難以自拔，把生活的調劑當作是生活的主食，那就自討苦吃、自食惡果了。

惡習氣往往做出違反社會規範的事，不但影響工作，還會造成家庭、社會的問題，沒有贏家。

俗話說：「財、色、名、食、睡，地獄五條根。」太沉溺其中，就掉入無底的深淵，這些都是惡習，要注意保持距離，以策安全。

358. 受人點滴

一九八〇年代在國外，我搭了計程車，開到一半計程車突然停車，定睛一看，原來有一對夫妻拉著小孩過馬路，可能離斑馬線太遠，所以沒有走在斑馬線上，司機先生並沒有按喇叭，他靜靜的停車，慢慢地等他們全家過馬路。

我感受到一股力量，安靜又強大，我太驚訝了。

沒多久，三人過馬路，這一幕我呆了——父母親拉著小孩轉回頭，面向計程車，三個人同時向計程車司機行九十度大禮。

對於人家給我們的好，是不是理所當然？如果養成受人點滴湧泉以報的習慣，那受到祝福是理所當然的事。

359. 收拾殘局

生老病死乃是人生過程，企業也是一樣，有開始就有結束，俗話說：「上山容易下山難。」開公司容易，結束公司好難啊！

公司會結束大致是經營上產生的問題，導致經營不下去、或者不想再經營下去，這個時候就要收拾殘局。基本上就是「人、事、物、錢」四件事。

——人要好聚好散，法律規定遣散費不能少給。

——事要周知公司內外，告知公司結束，盡可能不要造成同事、股東、供應商、客戶的困擾。

——物能賣的賣掉、不能賣的送掉、不能送的丟掉。

——錢有餘則依照法律規定的順位依序支付。

如果能轉賣，債權債務、人事物的問題都不會是問題，那要恭喜你，善終。

360. 病

俗話說：「花無百日紅；人無千日好。」

廠內的機器設備是鐵打的都會壞了，何況人身是肉做的，吃的是五穀雜糧、雞鴨魚肉，哪能不生病？

有很多病是心病，心病還得心藥醫。要從「心」調整。

身與心互為表裡，身體上的問題會影響心情、鬥志；心理的問題也會讓臟器、管路阻塞，因此身體與心理的健康都要照顧好才能真正的健康。

有病要醫治，沒病要保養，均衡的飲食、適當的運動是基本認知，而「愛與溫暖」對於身心健康有神奇妙用，與其廣設醫療體系，不如建立一個有愛與溫暖的社會。

361. 癢瘆痛麻木

俗話說：「麻木不仁」、「行將就木」。麻跟木都表示狀況嚴重到沒有知覺了，到麻的階段很難救；到木的階段根本沒得救。

所以有痛的感覺還好，表示還能救，會痛就好，不痛就「麻」煩，如果會瘆，不治好會痛，表示越嚴重了；如果會癢，表示慢慢變好了，比如傷口結痂快好的時候會癢。

有一個朋友的兒子因車禍不幸去逝，當下她沒有悲慟，反倒是沒有感覺；遭逢重大車禍的人也不感覺痛，因為直接到麻、木的狀態。

過了幾天，回了神，痛不欲生啊！那個時候就表示漸漸的回復，但離正常還有一段距離，那個失去孩子的媽媽經過幾年了，還沒有走出傷痛，老天保佑啊！癢痠痛麻木是個身心出狀況的程度，每一個人都要有覺知能力知道自己在哪一個階段，同時也有恢復的能力，如果碰到，祝早日康復。

362. 兩大之間難為小

公說公有理，婆說婆有理，工作中上面的公公婆婆一大堆是一件令人煩惱的事，因為不知道要聽誰的，又要向誰負責。

有時候順了公公意，但逆了婆婆意，要兩全其美是很困難的事。

所以組織架構上，一個蘿蔔一個坑；一個部門一個老闆，這樣下面就聽一個老大的指令辦理，不會神經錯亂。

363. 組織架構

「倒三角形」組織最不穩，上面全是人，下面沒有人。

「工」字型的組織就是高層、底層人多而中間幹部人少，這種像鐵軌的組織最省材料成本，但是沒有發展性。

組織扁平化有助於政策執行，扁平到一個主管轄下幾十個單位，那肯定管不了，除非主管千手千眼；軍隊三人成伍；三伍一班；三班一排，三排一連……三三制是「金字塔型」，金字塔型組織最穩當。

對於發展快速的公司應該是「變形蟲組織」，因為隨時都要因應組織發展來調整組織結構。變形蟲組織容易變成「亂型組織」，像一團棉紗線，沒有頭緒，不能成事。

364. 人在福中應知福

病毒是極微小的，可是傳播力量是極大的，病毒的傳染將對全世界產生巨大的影響。

為了防止病毒的擴散，全球各地都採取圍堵法，限制居民的行動來減緩病毒的擴散，因此使得很多行業都受到極端的影響，如交通、旅遊、餐飲、商演活動等等。

獅子、老虎、鱷魚、鯊魚等大型動物看似兇猛，危害畢竟有限，看起來大，實則小；看起來小，實則大。

所以不以眼睛所見的小、大來看事情的大小，要用「心」去看。因為病毒受到事業、工作影響的人，除了要保持正面的態度，告訴自己：「平安就是福，沒有度不過去的坎，人生總有路可以走」。

人生就像波浪中行駛的船隻，有高潮也有低潮，在高潮的時候不要太得意；低潮的時候不要太失意，才不會翻船滅頂。

世界各地災難頻傳，層出不窮，隨時隨地都可能被殃及，不論多麼困難，只要把身體顧好，留得青山在，不怕沒柴燒。

365. 活得精彩

親愛的朋友，今天是最末一篇，我想跟你分享人生，如果你還年輕，恭喜你，因為代表你更能夠建構你的人生藍圖。

你的工作、你的事業是你人生的一部分，當然你要好好做事，敬業樂群，除此以外，人生的其餘部分其實也是你工作事業的延伸，你要你的人生是怎樣的人生，我們借用文化中的六種生命形態聊一聊，你可以先設定（setting）你的人生要像地獄、惡鬼、畜生、夜叉、天使還是菩薩。

地獄般的人生：如毒蟲、失能、絕症、絕望的人生。
惡鬼般的人生：如幫派、算計、詐騙、逃避的人生。
畜生般的人生：如姦淫、殘缺、孤苦、貧困的人生。
夜叉般的人生：如憤怒、不平、埋怨、諍訟的人生。
天使般的人生：如富足、滿願、名聲、享受的人生。
菩薩般的人生：如傳道、樂善、奉獻、助人的人生。
你要先定位你的人生，再朝那個方向努力，墮落的人生很容易，結果很苦；上進的人生很燦爛，結果很甜，你要先想清楚生命的藍圖。
沒有不勞而獲，你要怎麼收穫就怎麼栽，祝福你心想事成！

國家圖書館出版品預行編目（CIP）資料

職道：職場天天發財樹 / 四三先生撰. -- 初版. --
新北市：斑馬線, 2020.04
面；　公分

ISBN 978-986-98763-4-6（平裝）

1. 職場成功法

494.35　　109004669

職道：職場天天發財樹

作　　者：四三先生
總　　編：施榮華
封面設計：吳箴言

發 行 人：張仰賢
社　　長：許　赫
出 版 者：斑馬線文庫有限公司
法律顧問：林仟雯律師

斑馬線文庫
通訊地址：235 新北市中和區景平路 101 號 2 樓
連絡電話：0922542983

製版印刷：龍虎電腦排版股份有限公司
出版日期：2020 年 4 月
ISBN：978-986-98763-4-6
定　　價：300 元